U0149575

电网工程土建监督

典型案例

国家电网有限公司　编

中国电力出版社

CHINA ELECTRIC POWER PRESS

内 容 提 要

《电网工程土建监督典型案例》主要对近年来发生的各电压等级电网工程土建问题进行分析总结，为开展相关土建专业监督工作提供参考和依据。

本书对变电站基础与地基处理、变电站建筑物、变电站构筑物、变电站场地、变电站给排水及暖通、输电线路及电缆隧道等方面共 49 项典型案例进行了全面分析和总结。在归纳总结问题产生原因、整改措施及经济效益的基础上，对今后的电网工程土建监督提供了具体的工作建议及监督方法。

本书主要可供电力企业及相关单位从事土建专项技术监督工作的各级管理、技术人员学习使用。

图书在版编目（CIP）数据

电网工程土建监督典型案例 / 国家电网有限公司编 . — 北京：中国电力出版社，2022.3
ISBN 978-7-5198-5820-9

Ⅰ . ①电… Ⅱ . ①国… Ⅲ . ①电网—电力工程—施工监督 Ⅳ . ① TM727

中国版本图书馆 CIP 数据核字（2021）第 142178 号

出版发行：中国电力出版社
地　　址：北京市东城区北京站西街 19 号（邮政编码 100005）
网　　址：http://www.cepp.sgcc.com.cn
责任编辑：肖　敏（010–63412363）
责任校对：黄　蓓　李　楠
装帧设计：赵丽媛
责任印制：石　雷

印　　刷：三河市万龙印装有限公司
版　　次：2022 年 3 月第一版
印　　次：2022 年 3 月北京第一次印刷
开　　本：787 毫米 ×1092 毫米　16 开本
印　　张：7.5
字　　数：155 千字
印　　数：0001—3000 册
定　　价：35.00 元

主　任　金　炜

副主任　毛光辉

委　员　郝玉国　吕　军　郭贤珊　徐玲铃

主　编　金　焱

副主编　刘树维　钱　滨　吴　东　张兴辉　周亚楠

　　　　刘　勇

参　编　崔洪波　方　琼　丁连荣　郑渠岸　满玉岩

　　　　邵　进　杨　柳　李惠玉　杜　宇　张　媛

　　　　丁雪健　王　琪　孙艳鹤　张锡喆　谢颂诗

　　　　王　浩　刘　喆　窦长亮　于金山　马骁兵

　　　　夏　凯　杨迪珊　许　颖　李　旭　黄典祖

　　　　张建峰　侍　成　李成鑫　郑肖春　王　汀

　　　　张　吉　高楠楠　郭正位　尹青华　刘少新

　　　　张　可　柴光旭　苑子涛　胡宏宇　靳有军

为深化国家电网有限公司技术监督管理工作，强化技术监督保障作用，深入贯彻执行《国网设备部、发展部、基建部关于印发经研院所技术监督工作推进实施方案的通知》（设备技术〔2019〕70号）文件要求，建立以典型问题分析为引领、以技术标准及实施细则为依据的土建专项技术监督运行机制，国家电网有限公司设备管理部于2019年组织各省电力公司收集了近年来发生的电网工程土建技术监督典型案例，形成了《电网工程土建监督典型案例》。

本书共6章，包括变电站基础与地基处理、变电站建筑物、变电站构筑物、变电站场地、变电站给排水及暖通、输电线路及电缆隧道共49个案例，每个案例均按照"问题简述－监督依据－问题分析－处理措施－工作建议"的思路展开。本书总结了在规划可研、工程设计、土建施工、竣工验收及运维检修等阶段多发、易发的典型技术问题，以一线监督人员视角，采用图文并茂的形式和通俗易懂的语言，帮助读者较为直观地了解每个案例的发生过程、问题产生的原因、采取的处理措施、后续的工作建议等，有助于国家电网有限公司和各省电力公司更加深入地开展土建监督工作，也为各级技术监督人员发现、分析、解决土建设计图纸及现场存在的问题提供参考。

本书由国家电网有限公司设备管理部组织，国网经济技术研究院有限公司、国网天津市电力公司牵头，国网江苏省电力有限公司、国网辽宁省电力有限公司、国网四川省电力公司、国网福建省电力有限公司、国网安徽省电力有限公司、国网河南省电力公司、国网江西省电力有限公司、国网青海省电力公司、国网内蒙古东部电力有限公司、国网冀北电力有限公司、国网陕西省电力有限公司、国网重庆市电力公司、国网宁夏电力有限公司等参与编写。

鉴于编写人员水平有限、编写时间仓促，书中难免有不妥或疏漏之处，敬请读者批评指正。

编者
2021年12月

目录

变电站基础与地基处理

1.1　建筑物基础与地基处理

【案例 1】回填土未压实致建筑物室内地面沉降

技术监督阶段：运维检修。

1. 问题简述

某 220kV 变电站于 2014 年 11 月竣工投运，2016 年 7 月该变电站 35kV 开关室内地面出现明显沉降，开关柜柜体倾斜。

2. 监督依据

《国家电网公司输变电工程质量通病防治工作要求及技术措施》（基建质量〔2010〕19 号）第六章第十八条第 2 款规定："处于地基土上的地面，应根据需要采取防潮、防基土冻胀、湿陷，防不均匀沉陷等措施。"

《建筑地基工程施工质量验收标准》（GB 50202—2018）第 9.5.2 条规定："施工中应检查排水系统、每层填筑厚度、碾迹重叠程度、含水量控制、回填土有机质含量、压实系数等。回填施工的压实系数应满足设计要求。当采用分层回填时，应在下层的压实系数经试验合格后进行上层施工。填筑厚度及压实遍数应根据土质、压实系数及压实机具确定。无试验依据时，应符合表 9.5.2 的规定。"填土施工时的分层厚度及压实遍数见表 1–1。

表 1-1 填土施工时的分层厚度及压实遍数

压实机具	分层厚度（mm）	每层压实遍数
平辗	250 ~ 300	6 ~ 8
振动压实机	250 ~ 350	3 ~ 4
柴油打夯	200 ~ 250	3 ~ 4
人工打夯	< 200	3 ~ 4

《建筑地基基础设计规范》（GB 50007—2011）第 6.3.7 条规定："压实填土的质量以压实系数 λ_c 控制，并应根据结构类型、压实填土所在部位按表 6.3.7 确定。"压实填土地基压实系数控制值见表 1-2。

表 1-2 压实填土地基压实系数控制值

结构类型	填土部位	压实系数（λ_c）	控制含水量 (%)
砌体承重及框架结构	在地基主要受力层范围内	≥ 0.97	$\omega_{op} \pm 2$
	在地基主要受力层范围以下	≥ 0.95	
排架结构	在地基主要受力层范围内	≥ 0.96	
	在地基主要受力层范围以下	≥ 0.94	

注 1. 压实系数（λ_c）为填土的实际干密度（ρ_d）与最大干密度（$\rho_d \cdot max$）之比；ω_{op} 为最优含水量；

2. 地坪垫层以下及基础底面标高以上的压实填土，压实系数不应小于 0.94。

3. 问题分析

该 35kV 开关室处于填方区，平均回填厚度约 5m，室内回填采用碎石土分层回填夯实，室内开关柜等设备基础座于回填碎石土层上。但回填地基土未压实，地基土发生固结沉降，导致室内地面下沉。

依据《建筑地基基础设计规范》（GB 50007—2011）第 6.3.7 条要求，室内设备基础下回填地基土压实系数应不小于 0.97。施工单位室内设备基础下回填分层压实过程中，底层回填土压实系数为 0.94，不满足规范要求；施工单位未严格按照《建筑地基工程施工质量验收标准》（GB 50202—2018）要求，当采用分层回填时，下层回填土的压实系数应经试验合格后进行上层施工。

4. 处理措施

移除开关室内电气设备及电缆，拆除室内地面及室内电缆沟；以碎石置换电缆沟下地基土，置换厚度 0.25m；在碎石层上浇筑 0.3m 厚钢筋混凝土板，在混凝土板上重新砌筑电缆沟及施工室内地面。养护完成后，恢复室内电气设备及电缆。

经处理，该开关室地面不均匀沉降问题基本解决。处理费用为设备及电缆拆除及安装费约 45 万元，直接工程费约 18 万元，共计约 63 万元。

5. 工作建议

对于室内地面地基土的回填，特别是处于高填方区的建筑物：

（1）设计单位应采取预防地基土下沉的措施并在图纸中明确。

（2）施工单位应做好施工组织措施，在施工过程中回填土分层压实，每层回填土的压实系数和回填质量检验合格后方可施工上一层，填土分层厚度及压实遍数应满足《建筑地基工程施工质量验收标准》（GB 50202—2018）第 9.5.2 条要求，压实填土的压实系数应满足《建筑地基基础设计规范》（GB 50007—2011）第 6.3.7 条要求。

（3）监理单位应做好施工监督检查复核工作，地基土回填质量不合格不允许进行下一步施工。

1.2 构筑物基础与地基处理

【案例 2】冻胀导致室外电缆沟变形

技术监督阶段：土建施工。

1. 问题简述

某 220kV 变电站处于季节性冻土地区，电缆沟施工完毕冬歇期间，伸缩缝两侧沟壁其中一侧有不同程度的抬高，最大偏差 +25mm。电缆沟侧壁拱起如图 1-1 所示。

图 1-1 电缆沟侧壁拱起

2. 监督依据

《建筑地基基础设计规范》（GB 50007—2011）第 5.1.8 条规定："季节性冻土地区基础埋置深度宜大于场地冻结深度。对于深厚季节冻土地区，当建筑基础底面土层为不冻胀、弱冻胀、冻胀土时，基础埋置深度可以小于场地冻结深度，基底允许冻土层最大厚度应根据当地经验确定。没有地区经验时可按本规范附录 G 查取。此时，基础最小埋深 d_{min} 可按下式计算：$d_{min}=Z_d-h_{max}$，式中 h_{max}——基础底面下允许冻土层的最大厚度（m）。"第 5.1.9 条第 1 款规定："对地下水位以上的基础，基础侧表面应回填不冻胀的中、粗砂，其厚度不应小于 200mm；对在地下水位以下的基础，可采用桩基础、保温性基础、自锚式基础（冻土层下有扩大板或扩底短桩），也可将独立基础或条形基础做成正梯形的斜面基础。"第5.1.9条第3款规定："应做好排水设施，施工和使用期间防止水浸入建筑地基。在山区应设置截水沟或在建筑物下设置暗沟，以排走地表水和潜水。"

3. 问题分析

该工程室外电缆沟底板埋深1.1m，底板底部从上到下依次为100mm厚素混凝土垫层、600mm厚粗砂、原状土。

设计环节未充分了解当地季节性冻土情况，基础埋深未达到场地最大冻深，且未采取其他保温措施。土建施工总说明描述站址地基土标准冻深1.1m，经查询当地资料一般平均冻深为1.2m，且该变电站处于山区，温度较该地区常年平均气温低1～2℃，站址处最大冻深大于1.2m。室外电缆沟底板埋深1.1m，电缆沟垫层埋深1.2m，电缆沟底部基础埋置深度小于场地最大冻深。

施工过程中未做好排水措施，施工期间水浸入建筑地基。回填砂底部原状土为黏性土，透水性差，导致基础底部回填砂中的水不能及时排走，回填砂中含水量较高，冬季受冻后膨胀将电缆沟拱起。

4. 处理措施

天气转暖后，电缆沟自然沉降到正常水平，及时打胶封堵；对电缆沟采取保温措施，对室外地坪至-1.4m标高范围内电缆沟侧壁铺设50mm厚挤塑保温板进行保温处理，避免电缆沟底部发生冻胀。

5. 工作建议

（1）设计阶段提高地质勘察质量，确保基础埋深超过最大冻深，或采取相应的保温措施。

（2）冻土地区施工过程中应做好排水设施，施工期间防止水浸入地基。

1.3 设备基础与地基处理

【案例3】换流站设备基础及场地沉降

技术监督阶段：竣工验收、运维检修。

1. 问题简述

某 ±800kV 换流站在工程建设及运维检修阶段，场区内设备基础、碎石场地、站内道路等多次发生大规模沉降，沉降区域主要位于场地回填区。

（1）2017 年 7 ~ 10 月，对 29000m² 的场区沉降进行整改，并对直埋电缆管进行了加固。

（2）2018 年年初积雪融化后，场区再次出现沉降，5 ~ 7 月进行整改处理，共完成了 64000m² 的沉降整改。

（3）2018 年 7 ~ 8 月的雨季后，前期处理完成的场地再次出现下沉，9 ~ 11 月开展了集中治理，共处理沉降 125 处、29000m²，加固断路器电缆管 60 处、隔离开关电缆管 204 处、光电流互感器电缆管 60 处，完成防火封堵修复 95 处。

（4）2019 年运维阶段，场地继续沉降，且呈现分区域、分位置的特点：

1）在直流场区设备基础四周、场区道路两侧存在多处明显沉降点，已随时发现随时处理；

2）在各保护小室及附控楼台阶、散水位置存在多处沉降开裂现象，综合水泵房前后门、场区消防小室因沉降无法正常关闭，建筑物沉降问题已进行集中处理，可满足使用要求；

3）雨季后，直流场站内道路路面开裂，直流场部分支架接地扁铁变形，交流场地地坪灯基础倾斜，直流场接地极零磁通电流互感器支架发生偏移。

根据监测资料，截至 2019 年 11 月，换流站站内回填地基仍未充分固结，基础沉降仍未达到稳定状态。建筑物内地面不断出现塌陷现象，并出现疑似因设备基础沉降引发的设备故障等问题。场地地面沉降如图 1-2 所示，因沉降拉拽导致构件变形如图 1-3 所示。

2. 监督依据

《国家电网公司输变电工程质量通病防治工作要求及技术措施》（基建质量〔2010〕19 号）第六章第十八条第 2 款规定："处于地基土上的地面，应根据需要采取防潮、防基土冻胀、湿陷，防不均匀沉陷等措施。"

图 1-2　场地地面沉降

图 1-3　因沉降拉拽导致构件变形

《建筑地基处理技术规范》（JGJ 79—2012）第 6.2.2 条第 1 款规定："压实填土的填料可选用粉质黏土、灰土、粉煤灰、级配良好的砂土或碎石土，以及质地坚硬、性能稳定、无腐蚀性和无放射性危害的工业废料等，并应满足下列要求：

1）以碎石土作填料时，其最大粒径不宜大于 100mm；

2）以粉质黏土、粉土作填料时，其含水量宜为最优含水量，可采用击实试验确定；

3）不得使用淤泥、耕土、冻土、膨胀土以及有机质含量大于 5% 的土料；

4）采用振动压实法时，宜降低地下水位到振实面下 600mm。"

《建筑地基工程施工质量验收标准》（GB 50202—2018）第 9.5.2 条规定："施工中应检查排水系统，每层填筑厚度、碾迹重叠程度、含水量控制、回填土有机质含量、压实系数等。回填施工的压实系数应满足设计要求。当采用分层回填时，应在下层的压实系数经试验合格后进行上层施工。填筑厚度及压实遍数应根据土质、压实系数及压实机具确定。无试验依据时，应符合表 9.5.2 的规定。"GB 50202 表 9.5.2 见表 1-1。

《建筑地基基础设计规范》（GB 50007—2011）第 6.3.7 条规定："压实填土的质量以压实系数 λ_c 控制，并应根据结构类型、压实填土所在部位按表 6.3.7 确定。"GB 50007 表 6.3.7 见表 1-2。

3. 问题分析

该换流站表层土为粉质黏土，其下为砂土。填方区场平方案为清除表层腐殖土后，将挖方区挖出的级配良好的砂土回填至填方区，作为大面积填土地基分层回填碾压。问题产生的可能原因有：

（1）施工过程中压实填土的填料不满足要求。该工程场地原状土为颗粒较均匀的粉细砂，粒径分布范围窄，为匀粒土，抗剪强度高、承载能力大，在潮湿状态下不易压实，整体性差，不能作为大面积压实填土地基处理方案的填料。

（2）施工方法选择、分层厚度等不满足要求。平碾（区别于振动碾）不适用于粗粒土的碾压，压实机械的压实作用随厚度的增加而减小，该工程地处草原，加水后未及时碾压，含水率会迅速降低至潮湿状态，如果该工程在施工中采用平碾、加水量不够、分层厚度大，单纯通过提高压实功和遍数，不能压实；投运后如果地基受水浸泡，部分土颗粒处于悬浮状态，在自重应力和进入地基中雨水的孔隙水压力共同作用下，将破坏粗粒土的骨架结构，可导致地基产生沉降，与现场观察相符。

（3）雨（雪）水的渗透作用。场地施工未设足够的排水坡度，雨水不能及时在地表排出场外，造成场内积水，地基受浸泡严重，雨水由地表渗入地基，并在地基内部侧向排出场外，带走土中细颗粒，造成流土，降低填土强度。

（4）气象条件影响大。该工程地处高纬度地区，并属季节性冻土，气候多变，3～4月季节性冻土未能完全融化，5月雨雪天气较多，且温差变化大，6～7月阳光暴晒，大风沙天气多现。该工程场地回填时，会有冻土回填现象，压实时土中含水量可能不满足要求。

（5）工期紧张影响压实质量。该工程于2016年3月开工，8月底完成全部基础施工，在大面积填土地基施工过程中，可能出现分层铺填厚度过大、压实遍数少、压实机行驶速度快、未做好含水率控制等情况。

4. 处理措施

视沉降发展趋势及剧烈程度、设备（上部结构）的重要性及其对沉降的敏感性等因素，采取如下处理措施：

（1）对基础进行加固（加设垫块、浇筑使用膨胀水泥的细石混凝土、架设支架等），保证设备不悬空，设备水平度处于限值范围内；对表面破损、施工质量不合格的保护帽进行修复。

（2）对于该换流站建筑物及重要设备基础，随时监测沉降情况；对可能发生沉降部位，采用压力双液硅化注浆提高地基土整体性；对沉降变形较大区域可采用微型桩加固补强，施工质量应满足《既有建筑地基基础加固技术规范》（JGJ 123—2012）的有关规定。

（3）对于道路、场地等不影响变电站正常运行的区域，挖除地表不良土层后重新填土并夯实；对新旧填土土层交接处特殊处理，避免不均匀沉降导致开裂。

（4）坑洼处及时回填清理，保证场区排水坡度，及时在地表排除雨水，避免地基土浸泡。

5. 工作建议

（1）设计单位设计采用压实大面积填土地基时，填料要选用粉质黏土、灰土、粉煤灰、级配良好的砂土或碎石土，并不得使用淤泥、耕土、冻土、膨胀土及有机质含量大于5%的土料。填料选择应满足《建筑地基处理技术规范》（JGJ 79—2012）的要求。

（2）施工单位施工时，细粒土应控制含水率为最佳含水率，粗粒土在完全干燥状态和充分洒水饱和状态容易压实到较大干密度，潮湿状态压实干密度会显著降低。在压实砂砾时，可充分洒水使土料饱和；如洒水后未及时碾压，碾压前应再次洒水。

（3）压实地基施工应分层回填碾压，非黏性土宜采用振动压实法，分层铺填厚度、每层压实遍数宜通过现场试验确定。施工过程中，应分层取样检验干密度和含水量，未经验收或验收不合格的，不得进行下一道工序施工，监理单位人员应切实履行监理责任。

根据《建筑地基处理技术规范》（JGJ 79—2012）的要求，对压实填土地基竣工验收应采用静荷载试验检验填土地基承载力。在建设期间，压实填土场地阻碍原地表水的畅通排泄往往很难避免；但遇到此种情况时，应根据当地地形及时修筑雨水截水沟、排水盲沟等，疏通排水系统，使雨水或地下水顺利排走。对填土高度较大的边坡，应重视排水对边坡稳定性的影响。

（4）变形监测单位应根据施工进度，及时开展监测工作。重要设备基础等同于建筑物进行监测，计算沉降速率，判定地基沉降是否达到稳定状态；如沉降变形过大，应及时向业主单位反映相关问题。

（5）设计单位要在满足承载力计算的前提下，按控制地基变形的正常使用极限状态开展地基与基础的设计。如变形不满足电气设备相关要求，可考虑改变基础型式（如扩大基础底面积、增加埋深、改为桩基础等）和对地基进行特殊处理。对重要设备基础，应尽量避免基础长边方向压缩层厚度不一致的情况，减少不均匀沉降发生条件。设计单位应根据土质条件，向施工单位提供相关质量控制标准，基坑开挖后应及时进行验槽；应合理设计雨水排除措施，防止地基土受浸泡。

【案例 4】特高压站设备基础及场地沉降

技术监督阶段：竣工验收、运维检修。

1. 问题简述

某 1000kV 变电站于 2016 年开工建设，2017 年 6 月竣工投运。变电站投运后，回填区场地及设备基础发生大规模工后沉降超限问题。

配电装置区场地不同程度下沉，导致部分构支架保护帽贴近地面处裂开，出现较大缝隙，场地下沉也给场区排水带来困难。保护帽裂缝如图 1-4 所示。

图 1-4 保护帽裂缝

该变电站Ⅰ、Ⅱ线 GIS 分支母线 A 相筒体最大沉降超过 60mm，已超出 GIS 设备允许沉降差 25mm 的限值要求，易使 GIS 筒体产生垂直方向的变形，造成筒体内绝缘元件的损伤，可能导致放电事故及漏气事故的发生，对相关设备安全稳定运行构成影响。

运维单位在沉降较大区域设备基础及支架设置观测点，定期进行沉降观测，从 2018 年 12 月 8 日 ~2019 年 5 月 5 日监测结果看，回填地基未充分固结，基础沉降未达稳定。

2. 监督依据

《变电站建筑结构设计技术规程》（DL/T 5457—2012）第 11.1.2 条规定："变电站设备地基基础的变形计算值应满足其上部电气设备正常安全运行对位移的要求，一般不宜大于表 11.1.2 规定的允许值。如有需要时，应与工艺专业商议采用其他合理、有效措施保证设备安全运行。"变电站设备地基基础变形控制表见表 1-3。

表 1-3 变电站设备地基基础变形控制表

基础类别	容许沉降量（mm）	容许沉降差或倾斜
GIS 等气、油管道连接设备基础	200	0.002l
主变压器基础	—	0.003l
刚接构架基础	150	0.003l
铰接构架基础	200	—
支持式硬母线及隔离开关支架基础	—	0.002l

注 1. l 为基础对应方向的长度。

2. 本表所列的仅是一般情况，当设备有特别注明的要求时，应执行其所规定的标准。

对于 GIS 等气、油管道连接设备基础，容许沉降量一般不宜大于 200mm。查阅设计图纸，GIS 设备厂家要求 GIS 本体基础中两个独立的基础大板的不均匀沉降差不大于 30mm，进出线套管基础与 GIS 本体大板基础间的沉降差值不大于 25mm。

《建筑地基处理技术规范》（JGJ 79—2012）第 6.2.2 条第 1 款规定："压实填土的填料可选用粉质黏土、灰土、粉煤灰、级配良好的砂土或碎石土，以及质地坚硬、性能稳定、无腐蚀性和无放射性危害的工业废料等，并应满足下列要求：

1）以碎石土作填料时，其最大粒径不宜大于 100mm；

2）以粉质黏土、粉土作填料时，其含水量宜为最优含水量，可采用击实试验确定；

3）不得使用淤泥、耕土、冻土、膨胀土以及有机质含量大于 5% 的土料；

4）采用振动压实法时，宜降低地下水位到振实面下 600mm。"

《建筑地基工程施工质量验收标准》（GB 50202—2018）第 9.5.2 条规定："施工中应

检查排水系统，每层填筑厚度、碾迹重叠程度、含水量控制、回填土有机质含量、压实系数等。回填施工的压实系数应满足设计要求。当采用分层回填时，应在下层的压实系数经试验合格后进行上层施工。填筑厚度及压实遍数应根据土质、压实系数及压实机具确定。无试验依据时，应符合表 9.5.2 的规定。"GB 50202 表 9.5.2 见表 1-1。

《建筑地基基础设计规范》（GB 50007—2011）第 6.3.7 条规定："压实填土的质量以压实系数 λ_c 控制，并应根据结构类型、压实填土所在部位按表 6.3.7 确定。"GB 50007 表 6.3.7 见表 1-2。

3. 问题分析

该变电站与案例 3 中 ±800kV 换流站站址直线距离约 30km，工程地质条件类似，该变电站表层土为粉质黏土，填方区场平方案为清除表层腐殖土后，回填级配碎石至设计标高，最大回填厚度约 3.3m，压实系数要求不小于 0.97。在级配碎石上部回填 1.42m 粉质黏土（挖方区获得）至设计场地标高，压实系数要求不小于 0.95。

（1）压实填土的填料不满足要求。该工程粉细砂层粒径均匀，粒径曲线与案例 3 类似，为加强整体性，设计采用级配碎石回填，当地草原缺少碎石，施工单位的级配碎石配合比不合理，缺少中间粒径，级配不良。

（2）该工程回填地基采用级配碎石，表层采用粉质黏土回填，投运后地基受水浸泡，雨（雪）水渗入地基，带走土中细颗粒，形成流土，产生沉降，与现场观察相符。

（3）其余问题分析，见案例 3 问题分析部分。

4. 处理措施

沉降过大基础已采用垫块弥补基础沉降的方式进行了修复处理，如图 1-5 所示。

图 1-5 采用垫块弥补基础沉降

该工程其他处理措施见案例 3 处理措施部分。

5. 工作建议

工作建议见案例 3 工作建议部分。

【案例 5】变电站未设置沉降观测基准点

技术监督阶段：运维检修。

1. 问题简述

某 220kV 变电站于 2018 年 12 月竣工投运，该项目变压器基础变形观测未设置基准点。

2. 监督依据

《工程测量规范》（GB 50026—2007）第 10.1.4 条第 1 款规定："基准点，应选在变形影响区域之外稳固可靠的位置。每个工程至少应有 3 个基准点。大型的工程项目，其水平位移基准点应采用带有强制归心装置的观测墩，垂直位移基准点宜采用双金属标或钢管标。"

《建筑变形测量规范》（JGJ 8—2016）第 5.2.1 条规定："沉降观测应设置沉降基准点。特等、一等沉降观测，基准点不应少于 4 个；其他等级沉降观测，基准点不应少于 3 个。基准点之间应形成闭合环。"

3. 问题分析

施工单位对测量规范中垂直位移观测相关内容不熟悉，未布设沉降观测基准点，导致无法判断主变压器基础是否发生沉降及测量沉降量值。

4. 处理措施

在变压器变形影响区域外稳固可靠的位置，增设 3 个基准点。

5. 工作建议

（1）沉降观测基准点遗漏发生在土建施工阶段，施工单位应熟悉测量规程规范对垂直变形观测的具体要求，设置观测基准点。

（2）可委托有相应资质的第三方测量机构进行沉降观测作业。

【案例6】沉降观测点松动变形、位置不合理

技术监督阶段：运维检修。

1. 问题简述

某变电站2017年6月竣工投运。变电站GIS设备基础沉降观测点采用后锚固方式，运维检修阶段发现沉降观测点松动变形，如图1-6所示，无法满足沉降观测要求；主变压器沉降观测点上部为主变压器设备，如图1-7所示，铟钢尺无法搁置在观测点上，无法进行沉降观测工作。

图1-6　GIS设备基础沉降观测点松动变形　　　图1-7　主变压器基础沉降观测点

2. 监督依据

《国家电网公司输变电工程标准工艺（三）　工艺标准库（2016年版）》第0101011801条施工要点（2）规定："沉降观测点事先在浇筑柱子混凝土时进行预埋，统一安装高度。"第0101011801条工艺标准（5）规定："可采用保护盒的方式，保护盒采用不锈钢材质，底部敞开，防止积水，尺寸应满足沉降观测专用铟钢尺宽度要求。"

《建筑变形测量规范》（JGJ 8—2016）第7.1.3条第2款规定："标志的埋设位置应避开雨水管、窗台线、散热器、暖水管、电气开关等有碍设标与观测的障碍物，并应视立尺需要离开墙面、柱面或地面一定距离，宜与设计部门沟通。"

3. 问题分析

（1）施工单位未执行《国家电网公司输变电工程标准工艺（三）　工艺标准库（2016年版）》第0101011801条规定，沉降观测点应事先在浇筑柱子混凝土时进行预埋，统一

安装高度；而采用后锚固方式，且植筋施工工艺不到位，造成沉降观测点松动变形，无法进行观测。

（2）设计单位设置沉降观测点的位置未满足沉降观测专用铟钢尺宽度要求及《建筑变形测量规范》（JGJ 8—2016）第 7.1.3 条第 2 款的规定"标志的埋设位置应避开有碍设标与观测的障碍物，并应视立尺需要离开墙面、柱面或地面一定距离。造成无法立尺，不能进行沉降观测"。

4. 处理措施

（1）将松动的沉降观测点拆除，重新植筋设置沉降观测点。植筋应与基础内主筋有效焊接，防止沉降观测点再次松动、变形。

（2）沉降观测点位置不合适的问题无法处理。主变压器已经带电运行，主变压器基础的尺寸及形状已经固定、无法调整，导致沉降观测点没有合适的安装位置，可采用其他沉降观测方式和仪器，达到沉降观测目的。

5. 工作建议

（1）设计阶段合理设置沉降观测点位置，并要求沉降观测点必须事先在浇筑混凝土时进行预埋，在施工图审查阶段的监督过程中注意对观测点埋设位置的审核。

（2）施工阶段监理人员应履行职责义务，督促施工单位执行标准工艺及相关规范、行业标准要求，注重节点做法，确保沉降观测点满足使用功能及耐久性要求。

【案例 7】GIS 设备基础沉降

技术监督阶段：运维检修。

1. 问题简述

某 500kV 变电站 2013 年投运。站区场地从建成后第二年开始发生位移，其中 2015 ~ 2016 年期间位移速率较大。已有监测数据显示，截至 2019 年 11 月，220kV GIS 设备区累计沉降量达 68.4mm，导致设备基座变形、气室泄漏；500kV 高压电抗器场地累计沉降量达 67.4mm；站址东北角、西北角挡墙累计沉降达 3.9mm，累计水平位移达 84.1mm。间隔 GIS 支架地脚螺栓断裂如图 1-8 所示，间隔 GIS 支架开裂如图 1-9 所示。

2. 监督依据

《国网运检部关于印发公司生产技术改造和设备大修原则的通知》（运检计划〔2015〕60 号）中《国家电网公司生产设备大修原则》第 2.3.3.24.9 条规定："对于变电站

由于地基下沉，造成墙体倾斜严重，危及设备安全运行，应进行地基沉降处理。"

图 1-8　间隔 GIS 支架地脚螺栓断裂　　　　　图 1-9　间隔 GIS 支架开裂

《建筑地基处理技术规范》（JGJ 79—2012）第 6.2.2 条第 1 款规定："压实填土的填料可选用粉质黏土、灰土、粉煤灰、级配良好的砂土或碎石土，以及质地坚硬、性能稳定、无腐蚀性和无放射性危害的工业废料等，并应满足下列要求：

1）以碎石土作填料时，其最大粒径不宜大于 100mm；

2）以粉质黏土、粉土作填料时，其含水量宜为最优含水量，可采用击实试验确定；

3）不得使用淤泥、耕土、冻土、膨胀土以及有机质含量大于 5% 的土料；

4）采用振动压实法时，宜降低地下水位到振实面下 600mm。"

《建筑地基工程施工质量验收标准》（GB 50202—2018）第 9.5.2 条规定："施工中应检查排水系统，每层填筑厚度、碾迹重叠程度、含水量控制、回填土有机质含量、压实系数等。回填施工的压实系数应满足设计要求。当采用分层回填时，应在下层的压实系数经试验合格后进行上层施工。填筑厚度及压实遍数应根据土质、压实系数及压实机具确定。无试验依据时，应符合表 9.5.2 的规定。"GB 50202 表 9.5.2 见表 1-1。

《建筑地基处理技术规范》（JGJ 79—2012）第 6.2.4 条第 1 款规定："在施工过程中，应分层取样检验土的干密度和含水量；每 50 ～ 100m^2 面积内应设不少于 1 个检测点，每一个独立基础下，检测点不少于 1 个点，条形基础每 20 延米设检测点不少于 1 个点，压实系数不应低于本规范表 6.2.2-2 的规定；采用灌水法或灌砂法检测的碎石土干密度不得低于 2.0t/m^3。"

3. 问题分析

该变电站场地挖方最大深度约 10m，位于站址大门附近；填方区位于站区北部、西部及东北部，最大填方深度约 22m，位于站址西北角区域。

省地质工程勘察院通过现场试验及取样室内试验测试数据，测定工作区填土压实系数为 0.918～0.949，压实地基未达到设计要求的压实系数 0.95；平均含水率为 6.01%～9.0%，略低于最优含水率；填方区填料为碎块石土，块石粒径差异较大，20～200cm 均有分布，填土级配较差。回填土不密实及块石粒径差异较大是填土产生沉降变形和发育裂隙、空洞的主要原因。

4. 处理措施

（1）拆除填方区沉降及倾斜基础上的 220kV GIS 设备，拆除设备利用站内场地进行保存，待基础加固完毕后将拆除的 GIS 设备重新安装。

（2）对填方区已沉降及倾斜的 220kV GIS 设备大板基础进行拆除，采用桩基进行加固后重新施工 220kV GIS 设备基础。桩采用钢筋混凝土灌注桩，桩径采用 800mm，成孔方式采用旋挖桩。新 GIS 设备基础采用钢筋混凝土大板基础，厚度为 0.8m。

（3）拆除 GIS 设备基础侧电缆沟，待基础加固后重新修建此段电缆沟，电缆沟断面为 1.2m×1.2m，长度约 150m。

（4）GIS 设备及拆建电缆沟中的相关二次控制保护及通信线路重新敷设及接线。

（5）对因拆除 GIS 设备基础而破坏的接地网进行修复，并在施工完成后重新进行电阻测量。

（6）对站区加筋土边坡护坡、边坡马道、站区内道路、建筑外散水等裂缝采用水泥砂浆封堵，裂缝表层 50mm 深度内用硅酮耐候胶填筑。

（7）对场地内倾斜的路灯基础、端子箱基础、中性线小抗油坑基础等进行校正或扶正，基础周围采用注浆加固。

（8）对倾斜及不均匀沉降的围墙进行校正，围墙基础周围采用注浆加固。

（9）拆除沉降围墙外已严重变形的散水，重新进行施工，宽度大小同原散水。

（10）对沉降处理区域内场地进行碎石场地恢复。

5. 工作建议

施工期间加强深回填区回填土质量、回填土压实系数技术监督，确保回填质量达到设计及规范要求，避免后期沉降影响设备安全运行，造成不必要的损失。

【案例 8】变电站地基沉降、场地塌陷

技术监督阶段：运维检修。

1. 问题简述

某 500kV 变电站于 2012 年 6 月建成投运。自投运后第 1 个雨季起，变电站高填方区场地（35kV 电抗器场地、主控站前区）出现沉降现象，施工单位对沉降区域场地进行了初步沉降治理。2013～2018 年，变电站 35kV 电抗器场地、主控站前区场地仍不断沉降变形。主控楼前停车场花台拉断如图 1-10 所示，电抗器场地回填土下沉如图 1-11 所示，1-2 号电抗器旁公路塌陷如图 1-12 所示，1-1 号电抗器端子箱倾斜如图 1-13 所示。

图 1-10　主控楼前停车场花台拉断

图 1-11　电抗器场地回填土下沉

图 1-12　1-2 号电抗器旁公路塌陷

图 1-13　1-1 号电抗器端子箱倾斜

2. 监督依据

《国网运检部关于印发公司生产技术改造和设备大修原则的通知》（运检计划〔2015〕60 号）中《国家电网公司生产设备大修原则》第 2.3.3.24.9 条规定："对于变电站由于地基下沉，造成墙体倾斜严重，危及设备安全运行，应进行地基沉降处理。"

《建筑地基工程施工质量验收标准》（GB 50202—2018）第 9.5.2 条规定："施工中应检查排水系统、每层填筑厚度、碾迹重叠程度、含水量控制、回填土有机质含量、压实系数等。回填施工的压实系数应满足设计要求。当采用分层回填时，应在下层的压实系数经试验合格后进行上层施工。填筑厚度及压实遍数应根据土质、压实系数及压实机具确定。无试验依据时，应符合表 9.5.2 的规定。"GB 50202 表 9.5.2 见表 1–1。

《建筑地基处理技术规范》（JGJ 79—2012）6.2.4 条第 1 款规定："在施工过程中，应分层取样检验土的干密度和含水量；每 50 ～ 100m² 面积内应设不少于 1 个检测点，每一个独立基础下，检测点不少于 1 个点，条形基础每 20 延米设检测点不少于 1 个点，压实系数不应低于本规范表 6.2.2–2 的规定；采用灌水法或灌砂法检测的碎石土干密度不得低于 2.0t/m³。"

3. 问题分析

（1）人工填土压实度未达到《建筑地基处理技术规范》（JGJ 79—2012）不小于 0.94 的要求，回填土不密实。

（2）场地施工未设足够的排水坡度，雨水不能及时在地表排出场外，造成场内积水，地基受浸泡严重，雨水由地表渗入地基，并在地基内部侧向排出场外，带走土中细颗粒，造成流土，降低填土强度，回填土不断固结沉降。

4. 处理措施

（1）对 35kV 电抗器场地、主控周围场地、站前区场地压力灌浆处理。

（2）拆建主控楼室外散水 83m，拆建主控楼室外梯步 1 处，对主控楼雨水管及空调排水管进行改造。拆建主控楼附近花台 4 座。

（3）拆建主控楼站前区广场砖约 750m²，对破坏的碎石地坪 450m² 进行恢复。

（4）对主控室开裂的墙体进行修补，对一处开裂的梁体进行结构检测。

（5）对挡墙泄水孔进行疏通及修缮，回填部分卵石。

（6）对需防止雨水渗入的区域进行 100mm 厚混凝土地坪封闭。

（7）拆建漏水的排水管道约 240m，新建排水沟 260m。

（8）拆除偏移的独立避雷针 1 座。

5. 工作建议

加强运维阶段的沉降监督，及时对沉降进行治理。建议加强施工期间深回填区回填质量技术监督，确保回填质量达到设计及规范要求。

【案例 9】GIS 设备基础伸缩缝缺陷

技术监督阶段：运维检修。

1. 问题简述

某 750kV 开关站于 2016 年 3 月开工建设，场地平整及地基处理施工时间为 2016 年 3 ~ 5 月，基础工程施工时间为 2016 年 6 月 ~ 2017 年 6 月，2018 年 4 月验收投运。2019 年 1 月巡视时发现，750kV 设备区Ⅰ、Ⅱ母电压互感器旁 GIS 设备地基基础伸缩缝宽度达到 40mm（设计值为 30mm），如图 1-14 和图 1-15 所示。2019 年 7 ~ 11 月进行后续跟踪检查，发现 GIS 设备基础局部出现裂缝。

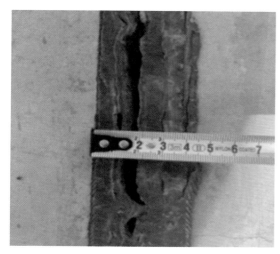

<table>
<tr><td>图 1-14　GIS 设备基础伸缩缝 1</td><td>图 1-15　GIS 设备基础伸缩缝 2</td></tr>
</table>

该伸缩缝变化量即将达到上方 GIS 伸缩节温度补偿模块最大补偿量（±13mm），若缝隙继续发展，存在使 GIS 筒体产生水平方向变形、损伤筒体内绝缘元件、引起 GIS 设备放电及漏气等风险。

2. 监督依据

《建筑地基处理技术规范》（JGJ 79—2012）6.2.4 条第 1 款规定："在施工过程中，应分层取样检验土的干密度和含水量；每 50 ~ 100m^2 面积内应设不少于 1 个检测点，每一个独立基础下，检测点不少于 1 个点，条形基础每 20 延米设检测点不少于 1 个点，压实系数不应低于本规范表 6.2.2-2 的规定，采用灌水法或灌砂法检测的碎石土干密度不得低于 2.0t/m^3。"

《混凝土结构设计规范（2015 年版）》（GB 50010—2010）第 8.1.1 条规定："钢筋混凝土结构伸缩缝的最大间距可按表 8.1.1 确定。"钢筋混凝土结构伸缩缝最大间距见表 1-4。

表 1-4	钢筋混凝土结构伸缩缝最大间距		（m）
结构类别		室内或土中	露天
排架结构	装配式	100	70
框架结构	装配式	75	50
	现浇式	55	35
剪力墙结构	装配式	65	40
	现浇式	45	30
挡土墙、地下室墙壁等类结构	装配式	40	30
	现浇式	30	20

注 1. 装配整体式结构的伸缩缝间距，可根据结构的具体情况取表中装配式结构与现浇式结构之间的数值。

2. 框架-剪力墙结构或框架-核心筒结构房屋的伸缩缝间距，可根据结构的具体情况取表中框架结构与剪力墙结构之间的数值。

3. 当屋面无保温或隔热措施时，框架结构、剪力墙结构的伸缩缝间距宜按表中露天栏的数值取用。

4. 现浇挑檐、雨罩等外露结构的局部伸缩缝间距不宜大于12m。

挡土墙、地下室墙壁等现浇钢筋混凝土结构伸缩缝最大间距 20m。

《室外工程》(12J003) 总说明第 5.3.7 条规定："路宽小于 5m 时，混凝土沿路纵向每隔 4m 分块做缩缝；路宽 ≥ 5m 时，沿路中心线做纵向缩缝；广场按 4m×4m 分缝。混凝土纵向长约 20m 或与不同构筑物衔接时需做伸缝。"

3. 问题分析

（1）地基夯实不足。该变电站处于湿陷性黄土地区，局部基岩与大厚度湿陷性黄土并存，场地地质情况复杂，截至 2019 年 11 月，部分场地已出现不同程度沉陷，基础土壤压实不足或压实不均匀，可能导致基础整体发生侧移。

（2）GIS 基础施工质量不高。基础侧面有钢筋外露，基础沿长度方向截面变化处基本无贯通切缝，无法有效释放混凝土表面温度应力，导致基础表面出现大量贯穿性裂缝。

（3）伸缩缝留置设计不合理。GIS 基础中间仅设置一条沉降缝（伸缩缝），大于《混凝土结构设计规范（2015 年版）》（GB 50010—2010）要求的 20m，且该 GIS 设备是在冬季安装，季节变化后设备温度变形较大，客观上增大了 GIS 筒体传导给基础的温度应力。

4．处理措施

（1）对伸缩缝处基础进行开挖检查，确定伸缩缝发展原因。

（2）将伸缩缝处老化的耐候胶清理，重新涂抹耐候胶，并采用柔性止水条阻止雨水下渗。

（3）加强运维阶段的沉降监督，采取雨水排除措施，防止地基土受浸泡。

（4）加装基础变形观测装置，用于监测沉降高度及伸缩程度，做好数据比对工作；对全站现有的沉降观测装置进行加固，并对全站沉降装置数量、安装位置进行分析，适当补充及调整观测点位置。

5．工作建议

（1）严密观测，在有扩大迹象的伸缩缝处增设刻度标尺，加密观测伸缩缝尺寸变化；特别是环境温度剧烈变化时，如伸缩缝有异常扩大迹象，应组织专家提出处理方案。

（2）如开裂继续，影响到设备安全运行，但土建专业不具备处理条件时，应根据现场实际变化情况给设备增加额外的补偿模块。

（3）在变电站建设施工阶段，加强地基处理过程中回填土夯实系数的检测跟踪工作。

（4）加强施工过程技术监督及质量控制，重点检查钢筋保护层厚度、基础伸缩缝（沉降缝）设置情况、极端温度基础伸缩缝变化情况等。

（5）严把土建设计环节，严格按照相关设计及验收规范审核施工图纸，对伸缩缝（沉降缝）伸缩量限值进行计算，提出满足工程实际的伸缩缝设置方案。

【案例 10】设备基础表皮破损

技术监督阶段：运维检修。

1．问题简述

某 110kV 变电站于 2015 年 3 月投运。2016 年 7 月，运检人员发现全站共 34 处构架及设备支架基础表皮破损，如图 1-16 所示，影响混凝土的耐久性及使用寿命，降低基础承载能力并威胁设备运行安全。

图 1-16　设备基础表面出现破损

2．监督依据

《混凝土结构工程施工质量验收规范》（GB 50204—2015）第 8.2.1 条规定："现浇混

凝土的外观质量不应有严重缺陷。

对已经出现的严重缺陷，应由施工单位提出技术处理方案，并经监理单位认可后进行处理；对裂缝或连接部位的严重缺陷及其他影响结构安全的严重缺陷，技术处理方案尚应经设计单位认可。对经处理的部位应重新验收。

检查数量：全数检查。

检查方法：观察、检查处理记录。"

3. 问题分析

构支架和设备支架基础采用 C30 现浇钢筋混凝土杯口基础，基础施工质量较差，不满足《混凝土结构工程施工质量验收规范》（GB 50204—2015）第 8.2.1 条规定，需要及时进行整改，避免表皮破损造成钢筋保护层不足，内部钢筋长期暴露在外，钢筋锈蚀导致基础耐久性和承载能力下降，影响设备稳定运行。

一般情况下，产生基础表皮脱落主要有以下几个原因：

（1）混凝土采用自拌混凝土而未采用商品混凝土，粗骨料和细骨料级配不合理，水灰比控制不严，现场振捣不规范，导致基础外层混凝土强度不满足设计要求，局部皮损脱落。

（2）混凝土在冬季施工时，未采取养护、防冻和拌和等施工技术控制措施。

4. 处理措施

该工程基础已施工完成，只能采用补救措施对基础进行修复。对于出现问题的基础，铲除混凝土基础表皮，配置表层抗裂钢筋，重新支模浇筑外侧 100mm 厚混凝土。经消缺处理后，新浇筑的混凝土没有再出现表皮破损的情况。单个基础处理直接工程费约 0.05 万元，整体直接工程费共计约 1.7 万元。

5. 工作建议

在土建施工阶段，施工单位应严格按照配合比拌和混凝土，确保混凝土质量，冬季施工时应做好养护和防冻措施；在工程设计阶段，设计单位应根据施工季节特点按需考虑混凝土的添加剂等措施；技术监督人员应做好施工组织方案和现场建筑材料的核查。

2 变电站建筑物

2.1 内外墙体裂缝

【案例 11】地质滑坡导致建筑物拉裂

技术监督阶段：运维检修。

1. 问题简述

某 35kV 变电站 1989 年竣工投运，2008 年进行了一次技术改造，为无人值班变电站。2019 年 7 月，受强降雨影响，山体出现滑坡蠕滑，该变电站 10kV 开关室墙体和室内地面出现不同程度开裂，且有劣化趋势，地面裂缝位于房屋下及附近。共出现地面裂缝 11 条、墙体裂缝 8 条，为滑坡蠕滑变形导致的拉裂破坏（房屋室内地面裂缝最大宽度 10mm，长 9m；房屋墙体裂缝最大宽度 5mm，长 1/2 楼高）。变电站在原始地形条件下已有蠕滑变形，遇降雨特别是暴雨后滑坡变形加剧，给设备运行带来安全隐患。开关室墙体裂缝如图 2-1 所示，开关室地面裂缝如图 2-2 所示。

2. 监督依据

《建筑边坡工程技术规范》（GB 50330—2013）第 4.2.3 条规定："边坡工程勘察应先进行工程地质测绘和调查。工程地质测绘和调查工作应查明边坡的形态、坡角、结构面产状和性质等，工程地质测绘和调查范围应包括可能对边坡稳定有影响及受边坡影响的所有地段。"

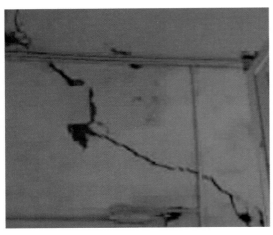
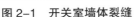
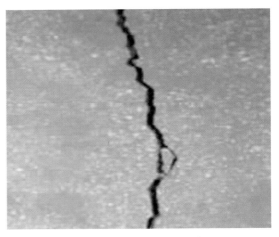

<table>
<tr><td>图 2-1　开关室墙体裂缝</td><td>图 2-2　开关室地面裂缝</td></tr>
</table>

《危险房屋鉴定标准》（JGJ 125—2016）第 4.2.1 条规定："当单层或多层房屋地基出现下列现象之一时，应评定为危险状态：

1　当房屋处于自然状态时，地基沉降速率连续两个月大于 4mm/月，且短期内无收敛趋势；当房屋处于相邻地下工程施工影响时，地基沉降速率大于 2mm/天，且短期内无收敛趋势；

2　因地基变形引起砌体结构房屋承重墙体产生单条宽度大于 10mm 的沉降裂缝，或产生最大裂缝宽度大于 5mm 的多条平行沉降裂缝，且房屋整体倾斜率大于 1%。"

3. 问题分析

（1）设计单位地质勘探不到位，对斜坡地段敏锐度不够，给变电站后期运维带来隐患。

（2）地质滑坡导致变电站建筑物和设备拉裂。该区域属构造剥蚀中山地貌，地势东高西低，地形坡度 15°～35°，局部有陡坎陡坡，地形较复杂，地貌单一。滑坡平面形态呈不规则形态，后缘窄前缘宽，呈放射状。主滑方向有 2 个，滑坡纵向长 565m 左右，横向宽约 500m 左右，面积约 $17.55 \times 10^4 \mathrm{m}^2$，平均厚度约 15m，体积约 $228.3 \times 10^4 \mathrm{m}^3$，为大型土质滑坡。滑坡区变形破坏类型主要表现为地面裂缝和墙体开裂破损。变电站位置示意如图 2-3 所示。

4. 处理措施

（1）为确保现场人员、设备及电网的安全，制订变电站地质灾害处置应急预案及负荷转移方案，确保现场人员的人身安全及当地居民的生活用电需求。

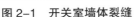

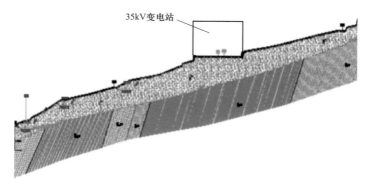

图 2-3　变电站位置示意图

（2）指定专人负责变电站的日常观测工作，及时掌握地质滑坡对变电站内房屋的破坏变化情况。在变电站区域及邻近范围布置专业监测点，建立多种手段、多种方法分析变形的动态特征。

（3）及时进行现场查勘和地形测量，邀请相关专家根据测量数据对滑坡现场深入调查。

（4）在检测鉴定为危险建筑后，对变电站进行异地重建，彻底消除滑坡地质灾害的危害。过渡期间，对站内房屋进行加固，拆除危房墙体。

5. 工作建议

加强基建工程地质勘探工作，在初步设计审查阶段，将地质勘探报告和红线图作为必备条件。

【案例 12】建筑物外墙内表面开裂

技术监督阶段：竣工验收。

1. 问题简述

某 220kV 变电站于 2019 年 4 月竣工验收时，发现建筑物外墙内表面沿梁、柱等位置出现较长裂纹，如图 2-4 所示，不仅影响建筑结构的安全性能，也对室内运行设备和日常巡检人员带来威胁。

2. 监督依据

《建筑装饰装修工程质量验收标准》（GB 50210—2018）第 4.2.3 条规定："抹灰工程应分层进行。当抹灰总厚度大于或等于 35mm 时，应采取加强措施。不同材料基体交接处表面的抹灰，应采取防止开裂的加强措施，当采用加强网时，加强网与各基体的搭接宽度不应小于 100mm。

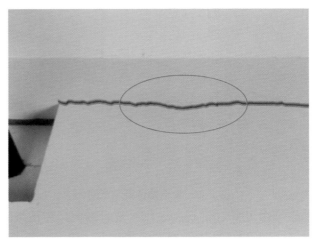

图2-4 外墙内表面沿梁、柱边线裂纹

检验方法：检查隐蔽工程验收记录和施工记录。"

《建筑装饰装修工程质量验收标准》（GB 50210—2018）第4.2.4条规定："抹灰层与基层之间及各抹灰层之间应粘结牢固，抹灰层应无脱层和空鼓，面层应无爆灰和裂缝。

检验方法：观察；用小锤轻击检查；检查施工记录。"

3. 问题分析

施工单位对相关规范要求掌握不够，对于不同材料基体，由于受力、材料自身影响，会产生不同的变形，易产生开裂；因此《建筑装饰装修工程质量验收规范》（GB 50210—2018）要求，不同材料基体交接处表面的抹灰，应采取防止开裂的加强措施。该工程未按要求采取防止开裂的加强措施，导致现场沿着梁柱边缘处出现了通长裂纹。

4. 处理措施

（1）按照梁柱与框架填充墙接线部分两侧外扩150mm，剔开面层，增设钢丝网，两侧搭接长度150mm。

（2）按照原设计方案，采用中级涂料重新抹灰粉刷。

5. 工作建议

（1）施工过程中，施工人员标准工艺执行不到位，监理人员未对各道工序实施监督到位，建议建设单位加强施工过程管理。

（2）施工技术人员不掌握相关技术规范具体要求，未认真按照《建筑装饰装修工程质量验收规范》（GB 50210—2018）的要求施工。建议施工单位对技术人员加强技能培训，以有效减少施工质量问题。

【案例 13】建筑物外墙面砖开裂

技术监督阶段：运维检修。

1. 问题简述

某 220kV 变电站 2017 年 7 月建成投运。该变电站建筑外墙面采用贴砖墙面，2019 年发现墙面砖出现开裂现象，裂缝长 0.8 ～ 1.0m，缝宽 0.5 ～ 2.0mm，如图 2-5 所示，影响建筑物外观质量及墙面抗渗性能。

图 2-5　外墙面砖开裂

2. 监督依据

《国家电网公司输变电工程标准工艺（三）工艺标准库（2016 年版）》第 0101010701 条工艺标准（1）规定："瓷砖套割吻合，边缘整齐，粘贴牢固，无空鼓，表面平整、洁净、色泽一致，无裂痕和缺损。接缝应平直、光滑，填嵌应连续、密实。"第 0101010701 条施工要点（6）规定："外墙面砖应做粘结强度试验，墙砖破坏强度 ≥ 1300N。"第 0101010701 条施工要点（1）规定："基层为砖墙时应清理干净墙面上残存的砂浆、灰尘、油污等，并提前一天浇水湿润；基层为混凝土墙时应剔凿外胀混凝土，清洗油污，太光滑的墙面要凿毛或刷界面处理剂。"

《建筑装饰装修工程质量验收标准》（GB 50210—2018）第 10.3.5 条规定："外墙饰面砖工程应无空鼓、裂缝。

检验方法：观察；用小锤轻击检查。"

《建筑装饰装修工程质量验收标准》（GB 50210—2018）第 10.3.6 条规定："外墙饰面砖表面应平整、洁净、色泽一致，应无裂痕和缺损。

检验方法：观察。"

3. 问题分析

施工过程中瓷砖粘贴不牢固，存在空鼓现象，导致瓷砖面层变形开裂。

4. 处理措施

严格控制施工质量，对出现贴砖墙面开裂的部位进行墙砖更换。

5. 工作建议

（1）施工单位对标准工艺执行不到位，个别施工工艺环节遗漏，建议在今后的工程建设过程中，施工单位应认真执行标准工艺及规范要求，加强施工质量控制。

（2）监理单位应在施工阶段发挥监督作用，发现问题后及时督促整改。

【案例 14】建筑物填充墙电缆埋管表面开裂

技术监督阶段：竣工验收。

1. 问题简述

某 220kV 变电站 2018 年 10 月建成投运。竣工验收时发现建筑物填充墙沿剔槽电缆埋管处存在裂缝，如图 2-6 所示，对运行人员的观感造成不良影响。

图 2-6 电缆埋管处墙体表面裂缝

2. 监督依据

《建筑电气工程施工质量验收规范》（GB 50303—2015）第 12.1.3 条规定："当塑料导管在砌体上剔槽埋设时，应采用强度等级不小于 M10 的水泥砂浆抹面保护，保护层厚度不应小于 15mm。

检查数量：按每个检验批的配管回路数量抽查 20%，且不得少于 1 个回路。

检查方法：观察检查并用尺量检查，查阅隐蔽工程验收记录。"

《建筑装饰装修工程质量验收标准》（GB 50210—2018）第 4.2.3 条规定："抹灰工程应分层进行。当抹灰总厚度大于或等于 35mm 时，应采取加强措施。不同材料基体交接处表面的抹灰，应采取防止开裂的加强措施，当采用加强网时，加强网与各基体的搭接宽度不应小于 100mm。

检验方法：检查隐蔽工程验收记录和施工记录。"

《建筑装饰装修工程质量验收标准》（GB 50210—2018）第 4.2.4 条规定："抹灰层与基层之间及各抹灰层之间应粘结牢固，抹灰层应无脱层和空鼓，面层应无爆灰和裂缝。

检验方法：观察；用小锤轻击检查；检查施工记录。"

3. 问题分析

（1）剔槽埋管保护层厚度不足。剔开塑料导管保护层实测厚度小于 15mm，不满足《建筑电气工程施工质量验收规范》（GB 50303—2015）的要求。

（2）埋管处水泥砂浆保护层与周边材料基材差异较大，施工时应在保护层内增设钢丝网或其他抗裂网片。剔开保护层后未发现钢丝网或其他抗裂网片。

4. 处理措施

（1）剔开原涂料面层及水泥砂浆保护层，按照相关标准加深电缆埋槽深度，确保水泥砂浆保护层厚度不小于 15mm。

（2）水泥砂浆保护层表面增设钢丝网，两侧搭接长度 150mm，并采用中级涂料重新粉刷。

5. 工作建议

（1）施工单位认真执行相关规范要求，对技术人员加强技能培训，严格施工过程质量控制，有效减少施工质量问题。

（2）建设单位加强施工过程管理，监理单位应在施工阶段切实发挥监督作用，发现问题后及时督促整改。

2.2 墙皮脱落

【案例 15】建筑物外墙砖脱落

技术监督阶段：运维检修。

1. 问题简述

某 110kV 变电站 2010 年 1 月投运。2014 年 9 月，运维人员发现主建筑二层外墙砖脱落，如图 2-7 所示。

图 2-7 外墙砖脱落

2. 监督依据

《国家电网公司输变电工程标准工艺（三）工艺标准库（2016 年版）》第 0101010701 条工艺标准（1）规定："瓷砖套割吻合，边缘整齐，粘贴牢固，无空鼓，表面平整、洁净、色泽一致，无裂痕和缺损。接缝应平直、光滑，填嵌应连续、密实。"第 0101010701 条施工要点（6）规定："外墙面砖应做粘结强度试验，墙砖破坏强度 ≥ 1300N。"第 0101010701

条施工要点（1）规定："基层为砖墙时应清理干净墙面上残存的砂浆、灰尘、油污等，并提前一天浇水湿润；基层为混凝土墙时应剔凿外胀混凝土，清洗油污，太光滑的墙面要凿毛或刷界面处理剂。"

3. 问题分析

施工单位未按输变电工程标准工艺施工，瓷砖粘贴不牢固，造成变电站在投入运行一段时间后，出现外墙砖大面积脱落。

4. 处理措施

清除墙面上残存的砂浆并充分润湿墙面，按照标准工艺要求，重新对外墙砖进行粘贴和加固。外墙砖修复如图 2-8 所示。

图 2-8　外墙砖修复

5. 工作建议

（1）加强对施工过程的管控，严格执行《国家电网公司输变电工程标准工艺（三）　工艺标准库（2016 年版）》。

（2）加强对建筑物的巡视，发现外墙砖松动、起鼓等现象时及时处理，以免危及设备及运行人员安全。

2.3 墙体、门窗、屋面等渗漏

【案例 16】建筑物外墙渗水致内墙皮脱落

技术监督阶段：运维检修。

1. 问题简述

某 220kV 变电站 2016 年 2 月投运。2017 年 4 月，运检人员发现 35kV 开关室与楼梯交接处墙体内表面起鼓发泡，部分墙面脱皮，如图 2-9 所示。

图 2-9　35kV 开关室内墙面空鼓、脱皮

2. 监督依据

《国家电网公司输变电工程质量通病防治工作要求及技术措施》（基建质量〔2010〕19 号）第六章第十八条第 4 款规定："浴、厕、室外楼梯和其他有防水要求的楼板周边除门洞外，向上做一道高度不小于 200mm 的混凝土翻边，与楼板一同浇筑，地面标高应比室内其他房间地面低 20 ~ 30mm。"

3. 问题分析

配电装置楼为两层混凝土框架结构，一层 35kV 开关室旁设有通向二层的室外楼梯。室外楼梯的踏步及平台板在雨天易积水，35kV 开关室外墙与室外楼梯相邻区域未按《国家电网公司输变电工程质量通病防治工作要求及技术措施》（基建质量〔2010〕19 号）要求在外墙内侧设置混凝土防水坎，导致室外楼梯踏步及平台积水渗入外墙。外墙渗水会降低工程结构的耐久性、安全性，对房间内电气设备的安全稳定运行带来安全隐患。

4. 处理措施

（1）为避免楼梯踏步长时间积水，在室外露天楼梯增加轻钢结构围护屋盖，室外楼梯的踏步及平台板重新找坡，内高外底，并在室外楼梯和35kV外墙相邻区域设置混凝土防水坎。

（2）35kV开关室墙体外侧局部做防水处理，拆除并重新粘贴外墙墙砖，墙体内侧铲除表层涂料和抹灰层并重新粉刷。整体处理费用约5万元。

5. 工作建议

（1）工程设计阶段，设计单位应严格执行质量通病防治的要求，在设计图纸中明确建筑物室外楼梯的踏步及平台板设置混凝土翻边防水坎，或采用楼梯踏步与建筑物外墙完全脱离的方案，如图2-10所示。

图2-10 室外楼梯踏步与建筑物外墙完全脱离

（2）土建施工阶段，施工单位应严格按照图纸施工，防水坎与踏步及平台板应整体浇筑，避免渗水。

【案例17】钢结构主控楼漏水

技术监督阶段：土建施工。

1. 问题简述

某 110kV 变电站配电装置楼墙面渗水严重，如图 2-11 所示，顶面钢梁及钢模板由于渗水导致锈蚀，如图 2-12 所示。

图 2-11　配电装置楼墙面渗水

图 2-12　顶面钢梁及钢模板锈蚀

2. 监督依据

《国家电网公司输变电工程通用设计　35 ～ 110kV 智能变电站模块化建设施工图设计（2016 年版）》第 6.4.5.2 条第 1 款规定："建筑物外墙板及其接缝设计应满足结构、热工、防水、防火及建筑装饰等要求，内墙板设计应满足结构、隔声及防火要求。外墙板宜采用压型钢板复合板，钢板厚度外层为 0.8mm，内层厚度为 0.6mm，材料尺寸应采用标准模数，外墙内侧采用石膏板封闭；对城市中心地区可采用铝镁锰板，西北、东北等寒冷地区可采用纤维复合板，选择时应满足热工计算。"

《国家电网公司输变电工程通用设计　35 ～ 110kV 智能变电站模块化建设施工图设计（2016 年版）》第 6.4.5.3 条第 1 款规定："楼屋面板采用钢筋桁架楼承板，轻型门式钢架结构屋面板宜采用压型钢板复合板。屋面宜设计为结构找坡，平屋面采用结构找坡不得小于 5%，建筑找坡不得小于 3%；天沟、沿沟纵向找坡不得小于 1%；寒冷地区可采用坡屋面。坡屋面坡度应符合设计规范要求。"

3. 问题分析

（1）该变电站站址海拔 3472m，处于高海拔高寒地区，夜晚气温低，日夜温差大，建筑物不同材质热胀冷缩不一致，墙面与屋面结合处易开裂，设计单位未考虑相关措施。

（2）该变电站所处地区降水多为阵性固态降水、固态和液态混合降水，全年固态降水时间可达 10 个月。该变电站配电装置楼屋面为平屋面，固态降水容易造成屋面积雪，积雪逐渐融化造成屋面渗水。设计单位未充分结合地处环境、气候，考虑建筑物屋面型式。

（3）施工单位未严格执行标准工艺和质量通病防治措施进行施工，建筑物外墙板及其接缝未采取加强措施。

（4）钢梁钢板防锈漆涂刷工艺不过关，或采用劣质金属漆涂料，未起到防锈效果。

4. 处理措施

对屋面、墙面结合处进行修补，对屋顶钢结构重新涂抹防锈漆，对污损的墙面进行重新粉刷。

5. 工作建议

（1）加强设计及施工过程技术管理，高寒地区建筑物屋面建议采用坡屋面。

（2）设计施工单位对高海拔高寒地区的钢结构建筑中不同材质间的衔接措施经验不足，建议该类地区采用钢筋混凝土结构房屋。

【案例 18】建筑墙面渗水

技术监督阶段：运维检修。

1. 问题简述

某 110kV 变电站 2012 年 9 月建成投运，2018 年 5 月发现该变电站建筑物雨后内墙受潮痕迹明显，墙面渗水如图 2-13 所示，多次造成消防手动报警装置受潮短路误报警。

图 2-13　墙面渗水

2. 监督依据

《砌体结构工程施工质量验收规范》（GB 50203—2011）第 9.1.4 条规定："吸水率较小的轻骨料混凝土小型空心砌块及采用薄灰砌筑法施工的蒸压加气混凝土砌块，砌筑前不应对其浇（喷）水浸润；在气候干燥炎热的情况下，对吸水率较小的轻骨料混凝土小型空心砌块宜在砌筑前喷水湿润。"

《砌体结构工程施工质量验收规范》（GB 50203—2011）第 9.1.5 条规定："采用普通砌筑砂浆砌筑填充墙时，烧结空心砖、吸水率较大的轻骨料混凝土小型空心砌块应提前 1～2d 浇（喷）水湿润。蒸压加气混凝土砌块采用蒸压加气混凝土砌块砌筑砂浆或普通砌筑砂浆砌筑时，应在砌筑当天对砌块砌筑面喷水湿润。块体湿润程度宜符合下列规定：

1 烧结空心砖的相对含水率 60%～70%；

2 吸水率较大的轻骨料混凝土小型砌块、蒸压加气混凝土砌块的相对含水率 40%～50%。"

《砌体结构工程施工质量验收规范》（GB 50203—2011）第 9.3.2 条规定："填充墙砌体的砂浆饱满度及检验方法应符合表 9.3.2 的规定。"填充墙砌体的砂浆饱满度及检验方法见表 2-1。

表 2-1　　　　　　　　**填充墙砌体的砂浆饱满度及检验方法**

砌体分类	灰缝	饱满度及填满要求	检验方法
空心砖砌体	水平	≥80%	采用百格网检查块体底面或侧面砂浆的粘结痕迹面积
	垂直	填满砂浆，不得有透明缝、瞎缝、假缝	
蒸压加气混凝土砌块、轻骨料混凝土小型空心砌块砌体	水平	≥80%	
	垂直	≥80%	

《建筑装饰装修工程质量验收标准》（GB 50210—2018）第 5.1.2 条规定："外墙防水工程验收时应检查下列文件和记录：

1 外墙防水工程的施工图、设计说明及其他设计文件；

2 材料的产品合格证书、性能检验报告、进场验收记录和复验报告；

3 施工方案及安全技术措施文件；

4 雨后或现场淋水检验记录；

5 隐蔽工程验收记录；

6 施工记录；

7 施工单位的资质证书及操作人员的上岗证书。"

3. 问题分析

（1）填充墙砌体施工时，砖或砌块没有浇（喷）水，砂浆饱满度不满足要求。

（2）外墙防水施工质量不合格，验收时没有进行淋水检验，未及时发现问题并进行整改。

4. 处理措施

对出现问题的外墙面重新施工，增加防水涂膜层，严格防水材料采购、检验及施工，并在养护之后进行淋水检验。

5. 工作建议

（1）土建施工阶段，施工单位应严格按照规范施工，砌筑前砖或砌块必须浇（喷）水，砌筑砂浆应饱满。

（2）监理人员认真履行监督职责，严格控制填充墙砌体施工工艺及防水层原材料检验，严格落实淋水检验，把可能存在的问题在施工阶段及时发现并整改。

【案例 19】建筑物墙面渗水

技术监督阶段：土建施工。

1. 问题简述

某 220kV 变电站 2017 年 10 月建成投运。2017 年 3 月土建施工阶段发现建筑物墙面渗水，如图 2-14 所示。

图 2-14　建筑物墙面渗水

2. 监督依据

《建筑外墙防水工程技术规程》（JGJ/T 235—2011）第 3.0.1 条规定："建筑外墙防水应有阻止雨水、雪水侵入墙体的基本功能，并应具有抗冻融、耐高低温、承受风荷载等性能。"

3. 问题分析

（1）施工单位拆除脚手架时未对拉筋进行处理，导致墙体原脚手架拉墙筋处渗水。

（2）施工单位砌筑墙体时，砌体的砌筑砂浆不饱满、灰缝空缝，出现毛细通道形成虹吸作用，易将毛细孔中的水分散发；外墙饰面抹灰厚度不均匀，导致收水快慢不均，抹灰发生裂缝，分格条底灰不密实有砂眼，造成墙身渗水。

4. 处理措施

（1）查找墙面现有渗水点和外墙裂缝，顺裂缝处凿除外墙抹灰层，在凿除前用手持切割机将抹灰层割开，防止凿除抹灰层时因振动产生新的空鼓。

（2）凿除抹灰层后，清理干净基层，然后张铺一层钢丝网，防止抹灰层再次开裂。

（3）修补抹灰层，抹灰层分 2 ~ 3 次修补完，并在修补砂浆中掺入一定比例的防水剂，减少新旧抹灰层的接口裂缝。

（4）抹灰层干燥后涂刷 2 遍防水涂膜，干燥后进行淋水试验验收，淋水时间不少于 24h。

5. 工作建议

（1）土建施工时，门窗洞口、伸出外墙管道、预埋件、拉筋及收头部分的防水构造，应符合相关规范要求。

（2）外墙防水施工做法、材料选用应严格按照相关规范要求。防水材料应具有产品合格证和出厂检验报告，材料的品种、规格、性能等应符合国家现行有关标准和设计要求。

（3）外墙找平层应平整、坚固，不得有空鼓、酥松、起砂、起皮现象。

【案例 20】穿墙套管未涂防水胶导致渗水

技术监督阶段：运维检修。

1. 问题简述

某变电站扩建时，进行穿墙套管安装施工前，建筑物墙体该套管处钢板和穿墙套管无渗水现象；穿墙套管安装就位后，雨后运维人员发现用于固定穿墙套管的安装钢板边框出现渗水。

2. 监督依据

《国家电网公司输变电工程标准工艺（三） 工艺标准库（2016 年版）》第 0102030205 条施工要点（5）规定："应对安装钢板与预留孔洞缝隙进行封堵，注意穿墙套管底座或法兰盘不得埋入混凝土或抹灰层内。"第 0102030205 条施工要点（3）规定："穿墙套管就位前应检查外部瓷裙完好无损伤，中间钢板与瓷件法兰结合面胶合牢固。并涂以性能良好的防水胶。"

3. 问题分析

穿墙套管安装就位后，安装钢板受力，破坏了原有钢板与墙体之间的防水胶，施工人员对于裂缝没有重新涂防水胶，导致渗水。此类问题对设备安全运行造成隐患，大量渗水会增加运行人员维护工程量。

4. 处理措施

拆除渗水部位防水胶，重新涂防水胶。

5. 工作建议

（1）扩建时，穿墙套管由电气人员安装，电气安装人员的防水意识不强，施工时习惯性不涂防水胶。应督促施工人员在缝隙处涂防水胶，并应加强对扩建站穿墙套管的防水质量监督验收。

（2）因防水胶有一定的使用年限，应加强对穿墙套管孔洞缝隙处防水胶的修补维护。

【案例 21】建筑物百叶窗漏雨

技术监督阶段：竣工验收、运维检修。

1. 问题简述

某 110kV 变电站 2012 年投运，2018 年大雨过后巡视检查中发现，该变电站电容器室百叶窗存在漏雨现象，如图 2-15 所示。漏雨造成内墙侵蚀、设备架构腐蚀，给电容器设备安全运行带来较大隐患。

图 2-15　变电站百叶窗漏雨

2. 监督依据

《国家电网公司输变电工程标准工艺（三）　工艺标准库（2016 年版）》第 0101011403 条工艺标准（4）规定："百叶风口应防火、防沙尘、防雨水。内侧设置不锈钢防鸟隔网，孔径 15mm×15mm。"

《国家电网公司输变电工程标准工艺（三）　工艺标准库（2016 年版）》第 0101011403 条施工要点（5）规定："百叶窗与墙体连接牢固，接缝严密无渗水，安装方向正确。"

3. 问题分析

造成该现象主要是由于工程设计阶段百叶窗选型未按《国家电网公司输变电工程标准工艺（三）　工艺标准库（2016 年版）》第 0101011403 条规定选取，大风雨天气雨水会溅到窗户本体上，百叶窗无法起到挡雨作用；同时，土建施工阶段百叶窗框封堵施工工艺不合格，存在封堵不严现象，造成雨水从空隙中进入室内，腐蚀内墙墙面，危及设备安全。

变电站因百叶窗制造工艺不良、施工工艺不良、运行维护不到位等原因，造成渗漏雨缺陷，问题数量较多。渗漏点邻近设备区，对设备安全运行造成较大的隐患。

4. 处理措施

对该变电站电容器室等设备室百叶窗进行统一更换及封堵维修，消除渗漏雨水缺陷。

5. 工作建议

该案例暴露出在工程设计阶段百叶窗选型不合格及在土建施工阶段窗框封堵不严的问题，给设备运行造成了一定的安全隐患。

（1）严格百叶窗选型和窗框封堵工艺，在施工图审查阶段加强对百叶窗选型的把控，在工程建设时加强对窗框封堵施工工艺的监督。

（2）在竣工验收时及变电站投运一年内，运维人员应对变电站漏雨情况进行全面检查，如出现相关缺陷及时联系项目管理部门进行处理。

（3）对于部分老旧变电站，由于设施老化问题，应及时投入必要的维修维护资金对漏雨情况进行治理。

【案例 22】建筑物窗户边缘渗水

技术监督阶段：运维检修。

1. 问题简述

某 220kV 变电站工程 2013 年 11 月建成投运，2019 年 7 月发现窗户边缘处出现渗水点，如图 2-16 所示，并有扩大趋势。

图 2-16　窗户边缘渗水点

2. 监督依据

《建筑外墙防水工程技术规程》（JGJ/T 235—2011）第 5.3.1 条规定："门窗框与墙体间的缝隙宜采用聚合物水泥防水砂浆或发泡聚氨酯填充；外墙防水层应延伸至门窗框，防水层与门窗框间应预留凹槽，并应嵌填密封材料；门窗上楣的外口应做滴水线；外窗台应设置不小于 5% 的外排水坡度。"

《国家电网公司变电运维管理规定（试行）　第 27 分册　土建设施运维细则》[国网（运检 /3）828-2017] 第 2.2.5.1 条规定："门窗缝隙均匀、密封严密，开启灵活。"

《国家电网公司变电运维管理规定（试行）　第 27 分册　土建设施运维细则》[国网（运检 /3）828-2017] 第 2.2.1.4 条规定："内墙表面清洁，无泛碱、掉皮、裂纹等。"

3. 问题分析

窗框与墙体、窗台间发泡聚氨酯填充不密实，施工工艺不合格，雨水渗漏到内墙面，导致墙皮脱落，将降低建筑墙体耐久性，进而影响设备正常运行。

4. 处理措施

清理原发泡聚氨酯，重新填充聚氨酯发泡剂，确保嵌填密实度，采用硅酮耐候胶封闭。对于已起皮起壳的内墙面重新粉刷。

5. 工作建议

（1）在土建施工阶段，施工单位需认真按照《建筑外墙防水工程技术规程》（JGJ/T 235—2011）的要求施工，做到施工工艺合格，保证窗户缝隙封堵密实。

（2）在运维检修阶段，运检单位重点检查是否存在门窗等渗漏情况，及时进行维修。此类问题在变电站运行维护过程中较为常见，渗漏点临近电气设备时应加强监管。

【案例 23】建筑物窗台渗水

技术监督阶段：运维检修。

1. 问题简述

某 220kV 变电站于 2013 年 1 月投运，35kV 开关室为单层现浇混凝土框架结构，墙体采用混凝土砌块砌筑，窗户为铝合金推拉窗，窗台板采用人造黑色花岗岩石材板。2015 年 7 月，在运维检修阶段，技术监督人员发现 35kV 开关室两处窗台出现渗漏痕迹，窗台端部内墙面涂料局部出现开裂，如图 2-17 所示。

图 2-17　35kV 开关室窗台内墙面涂料局部开裂

2. 监督依据

《国家电网公司输变电工程质量通病防治工作要求及技术措施》（基建质量〔2010〕19号）第十六条第4款规定："建筑物顶层和底层应设置通长现浇钢筋混凝土窗台梁，高度不宜小于120mm，纵筋不少于4φ10，箍筋φ6@200；其他层在窗台标高处应设置通长现浇钢筋混凝土板带。窗口底部混凝土板带应做成里高外低；房屋两端顶层砌体沿高度方向应设置间隔不大于1.3m的现浇钢筋混凝土板带。板带的纵向配筋不宜少于3φ8，混凝土强度等级不应小于C20。"

《国家电网公司输变电工程标准工艺（三）　工艺标准库（2016年版）》第0101010201条施工要点（5）规定，人造石窗台板节点图如图2-18所示。

3. 问题分析

建筑物墙体在窗洞处易发生应力集中现象，洞口顶部一般设置混凝土过梁，在窗台底部应设置通长现浇钢筋混凝土窗台梁，防止窗台底板和周边墙体开裂。经核查该工程施工图纸，该工程在工程设计阶段35kV开关室窗台梁未配置钢筋网片及构造钢筋，在长时间应力集中作用下，洞口处窗台周边砌筑墙体出现裂缝，导致雨水渗入。

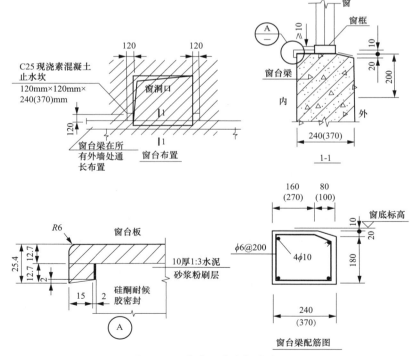

图2-18　人造石窗台板节点图

该工程 35kV 开关室共两处窗台出现周边墙体开裂渗漏问题，暴露出在工程设计和土建施工阶段，对质量通病防治和标准工艺执行不到位。

4. 处理措施

拆除出现问题的窗户和周边部分墙体，重新砌筑窗台下墙体，在墙体灰缝内增加几道钢筋网片及构造钢筋，钢筋网片和构造钢筋伸入窗洞两侧墙体内，再重新安装窗户。

经过上述方法处理，窗台渗水问题基本解决。每个窗户处理的直接工程费用约 0.4 万元，共计约 0.8 万元。

5. 工作建议

（1）在工程设计阶段，设计单位应严格执行《国家电网公司输变电工程质量通病防治工作要求及技术措施》（基建质量〔2010〕19 号）的要求，在窗台下设置通长的现浇钢筋混凝土窗台梁，并注重窗台防水做法。

（2）在土建施工阶段，施工单位应认真执行标准施工工艺要求，窗框与墙体及窗台板之间的缝隙应做好密封处理。

（3）在竣工验收和运维检修阶段，运检人员应检查是否存在由于窗台下墙体出现裂缝等原因造成的窗台雨水渗漏情况，并及时进行维修，防止渗漏和裂缝进一步扩大，影响室内设备运行安全。

【案例 24】建筑物屋面渗水

技术监督阶段：土建施工。

1. 问题简述

某 220kV 变电站 2015 年 10 月建成投运。2015 年 3 月，在土建施工阶段发现二次设备室屋面渗水，如图 2-19 所示。二次设备室屋面采用结构找坡，设置两层卷材防水层，屋面防水等级为一级。

2. 监督依据

《屋面工程质量验收规范》（GB 50207—2012）第 3.0.12 条规定："屋面防水工程完工后，应进行观感质量检查和雨后观察或淋水、蓄水试验，不得有渗漏和积水现象。"第 9.0.8 条规定："检查屋面有无渗漏、积水和排水系统是否通畅，应在雨后或持续淋水 2h 后进行，并应填写淋水试验记录。具备蓄水条件的檐沟、天沟应进行蓄水试验，蓄水时间不得少于 24h，并应填写蓄水试验记录。"

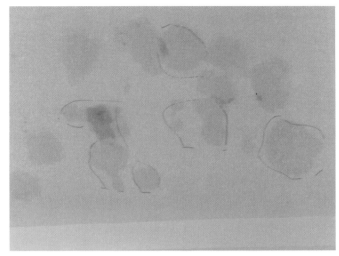

图 2-19　二次设备室屋面渗水

《屋面工程技术规范》（GB 50345—2012）第 4.11.14 条第 4 款规定："高女儿墙泛水处的防水层泛水高度不应小于 250mm，防水层收头应符合本条第 3 款的规定；泛水上部的墙体应做防水处理。"

3. 问题分析

该问题是由于施工过程中屋面细部构造处理不当造成的。在屋面施工时局部防水卷材铺贴不密实，女儿墙卷材收口处未施工完毕，持续降雨造成雨水顺卷材收口处渗入。

4. 处理措施

（1）将屋面渗水的检查情况和渗水程度在图纸上进行标注，在修复时进行专人跟踪、专人修复。

（2）待晴好天气，将屋面卷材防水层拆除后清理干净，待表面干燥后，重新施工屋面防水层。

（3）屋面及细部构造防水做法应符合《屋面工程技术规范》（GB 50245—2012）的相关规定。

（4）干燥后通过淋水试验或蓄水试验进行验收，必须达到不渗水和无水纹再进行保护层施工，试验时通知监理人员进行现场检查认可。

5. 工作建议

（1）做好施工过程管控，保证混凝土及屋面防水的施工质量。

（2）渗漏水治理应遵循"堵排结合、因地制宜、刚柔相济、综合治理"的原则。根据实际情况选择合适的堵漏措施。

（3）严把设计关，保证设计深度，合理设计屋面防水做法及细部构造措施。

（4）选择优质混凝土及防水材料，防水材料应有出厂合格证和质量检验报告。

【案例 25】建筑物屋面积水

技术监督阶段：竣工验收。

1. 问题简述

某 220kV 变电站于 2019 年 10 月建成投运，在竣工验收阶段发现 110kV 配电装置室屋面积水严重，如图 2-20 所示。110kV 配电装置室屋面采用结构找坡，设置两层卷材防水层，屋面防水等级为一级。

2. 监督依据

《屋面工程质量验收规范》（GB 50207—2012）第 3.0.12 条规定："屋面防水工程完工后，应进行观感质量检查和雨后观察或淋水、蓄水试验，不得有渗漏和积水现象。"

《国家电网公司输变电工程质量通病防治工作要求及技术措施》（基建质量〔2010〕19 号）第二十四条第 1 款要求："屋面宜设计为结构找坡。屋面坡度应符合设计规范要求，平屋面采用结构找坡不得小于 5%，材料找坡不得小于 3%；天沟、沿沟纵向找坡不得小于 1%。"

图 2-20　110kV 配电装置室屋面积水

3．问题分析

（1）施工单位未按设计图纸要求找坡，设计要求檐口应向排水管方向找坡，排水坡度1%。现场檐口排水纵坡不满足设计要求，放坡方向错误，导致屋面积水。

（2）屋面找平施工完成后，没有对坡度、平整度组织验收。

4．处理措施

（1）凿除檐口积水处保护层，扫去浮灰杂质，然后抹聚合物水泥砂浆找坡至设计要求方向及坡度（纵坡大于1%），以满足檐口处排水坡度要求。

（2）疏通排水管，确保排水管无堵塞现象。

5．工作建议

（1）平屋面宜设置结构找坡，坡度不小于5%；当采用建筑找坡时，坡度宜为3%。檐沟、天沟纵向坡度不小于1%，沟底水落差不大于200mm。

（2）屋面找平施工时，施工人员应严格按设计坡度施工。

（3）屋面找平施工完成后，现场监理人员对坡度、平整度应及时组织验收。

2.4 其他

【案例 26】建筑物设备间防火门未设置可视窗

技术监督阶段：竣工验收。

1. 问题简述

某 220kV 变电站 2019 年 10 月建成投运，在竣工验收阶段发现配电装置楼设备间防火门未设置可视窗，如图 2-21 所示。

图 2-21　设备间防火门无可视窗

2. 监督依据

《国家电网公司输变电工程标准工艺（三）　工艺标准库（2016 年版）》第 0101010502 条工艺标准（3）规定："钢制防火门及附件质量必须符合设计要求和有关消防

验收标准的规定，应由厂家提供合格证，防火门的功能指标必须符合设计和使用要求。防火门密封要求必须满足设计及规范要求。"第0101010502条施工要点（3）规定："设备间防火门应设可视窗。"

3. 问题分析

设计图纸中设备间防火门未设置可视窗，一旦发生火情无法观察火势情况，盲目进入可能造成二次伤害，无可视窗达不到可视目的。

4. 处理措施

按照标准工艺要求，在防火门合适位置开孔，设置防火可视窗。

5. 工作建议

工程设计、工程施工应认真执行标准工艺及规范要求，确保防火门满足使用功能和相关要求；建议加强施工图审查工作。

【案例27】变电站雨水管位置设置不当

技术监督阶段：运维检修。

1. 问题简述

某35kV变电站2013年7月投运，投运后运维人员发现1号主变压器穿墙套管处建筑物雨水管距离母排、穿墙套管过近，如图2-22所示。老化后的雨水管很容易在雨雪大风

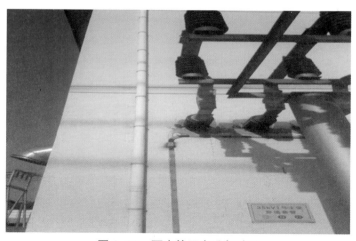

图 2-22　雨水管距离设备过近

天气下破碎、脱落，易砸到母排、穿墙套管，存在发生放电、短路故障的隐患，对变压器设备安全运行带来隐患。

2. 监督依据

《国网设备部关于印发 2019 年电网设备电气性能、金属及土建专项技术监督工作方案的通知》（设备技术〔2019〕15 号）第九条规定："雨水管禁止设置在电气设备上部，避免管道脱落时砸到电气设备或雨水管破裂时雨水滴落到电气设备上。不宜设置墙体内或屋内排水。"

3. 问题分析

以往新建变电站工程没有针对雨水管与设备距离的要求，建设人员没有对该问题引起必要的重视，雨水管设计及设计审核、施工、验收等阶段未考虑雨水管脱落的隐患。

4. 处理措施

对该雨水管打斜，调整安装位置于建筑拐角另一侧，增加与母线的安全距离，消除雨水管脱落造成的安全隐患。

5. 工作建议

建议在工程设计及审核阶段加强雨水管设置位置问题的重视，合理设计雨水管位置及走向，保证雨水管与设备的安全距离。

【案例 28】钢结构隅撑冗余连接影响正常运行使用

技术监督阶段：竣工验收。

1. 问题简述

某 220kV 变电站于 2019 年 11 月建成投运，竣工验收时发现其 110kV 配电装置楼在楼梯间休息平台处，钢框架梁之间设置了隅撑连接，如图 2-23 所示，造成楼梯平台可使用空间严重缩小，影响正常运维使用。

同样的现象也发生在某 110kV 变电站电容器室，钢框架梁之间增设的隅撑与电容器设备套管安全距离不足，如图 2-24 所示，影响设备正常运行。

图 2-23　楼梯平台处隅撑

2. 监督依据

《钢结构设计标准》（GB 50017—2017）第 3.1.14 条规定："抗震设防的钢结构构件和节点可按现行国家标准《建筑抗震设计规范》（GB 50011）或《构筑物抗震设计规范》（GB 50191）的规定设计，也可按本标准第 17 章的规定进行抗震性能化设计。"

图 2-24　电容器室内隅撑

3. 问题分析

设计单位依据《钢结构设计标准》（GB 50017—2017）钢结构抗震设计的要求增设隔撑，其主要作用是对结构的二次拉结，使抗震性能得到提升，但部分结构梁与主体结构拉结后，已满足结构抗震要求，增设的隔撑反而影响了变电站运行的正常使用。

该典型问题暴露出工程设计人员对主体结构隔撑的设置考虑不周全，多余的隔撑会制约变电站的正常运维使用，缩小设备安全距离。

4. 处理措施

建设单位与设计沟通并经运行单位确认后，取消楼梯间平台处不影响抗震性能的隔撑，其最终效果如图 2-25 所示。

图 2-25　楼梯间平台处取消隔撑

5. 工作建议

建议设计人员在满足结构抗震性能的前提下适当减少隔撑的设置，监理及技术监督人员应在施工图审查阶段加强对该类问题的把控。

3

变电站构筑物

3.1 防火墙

【案例 29】防火墙框架柱根部混凝土存在缺陷

技术监督阶段：竣工验收。

1. 问题简述

某 110kV 变电站于 2018 年 9 月建成投运。竣工验收时，发现该项目防火墙框架柱根部局部混凝土存在蜂窝、孔洞等缺陷，如图 3-1 所示。

图 3-1 防火墙框架柱根部混凝土存在缺陷

2. 监督依据

《混凝土结构工程施工质量验收规范》（GB 50204—2015）表 8.1.2 现浇结构外观质量缺陷及《混凝土结构施工规范》（GB 50666—2011)表 8.9.1 混凝土结构外观缺陷分类。现浇结构外观质量缺陷见表 3-1。

表 3-1 现浇结构外观质量缺陷

名称	现象	严重缺陷	一般缺陷
露筋	构件内钢筋未被混凝土包裹而外露	纵向受力钢筋有露筋	其他钢筋有少量露筋
蜂窝	混凝土表面缺少水泥砂浆而形成石子外露	构件主要受力部位有蜂窝	其他部位有少量蜂窝
孔洞	混凝土中孔穴深度和长度均超过保护层厚度	构件主要受力部位有孔洞	其他部位有少量孔洞
夹渣	混凝土中夹有杂物且深度超过保护层厚度	构件主要受力部位有夹渣	其他部位有少量夹渣
疏松	混凝土中局部不密实	构件主要受力部位有疏松	其他部位有少量疏松
裂缝	缝隙从混凝土表面延伸至混凝土内部	构件主要受力部位有影响结构性能或使用功能的裂缝	其他部位有少量不影响结构性能或使用功能的裂缝
连接部位缺陷	构件连接处混凝土有缺陷及连接钢筋、连接件松动	连接部位有影响结构传力性能的缺陷	其他连接部位有基本不影响结构传力性能的缺陷
外形缺陷	缺棱掉角、棱角不直、翘曲不平、飞边凸肋等	清水混凝土构件有影响使用功能或装饰效果的外形缺陷	其他混凝土构件有不影响使用功能的外形缺陷
外表缺陷	构件表面麻面、掉皮、起砂、沾污等	具有重要装饰效果的清水混凝土构件有外表缺陷	其他混凝土构件有不影响使用功能的外表缺陷

3. 问题分析

（1）模板安装不规范。在模板支设时，模板底部与基础顶面之间的缝隙封堵不严易造成漏浆，混凝土表面缺少水泥砂浆包裹，粗骨料外露并形成孔隙，造成蜂窝、麻面现象。

（2）施工单位对混凝土结构施工规范和质量验收规范不熟悉，现场施工技术交底和模板验收不到位。

（3）混凝土配合比中水灰比（或坍落度）不合理、振捣时间过长或过短都会导致该类问题发生。

4. 处理措施

人工清理凿除外表缺陷的浮渣、松散和胶结不牢固的混凝土，清理表面并洒水湿润后，用 1：2 ~ 1：2.5 水泥砂浆抹平混凝土表面，然后用塑料薄膜包裹养护。如露筋较深，应将薄弱混凝土剔除，清理干净，用高一级的钢筋混凝土捣实养护。

5. 工作建议

（1）施工单位应认真熟悉混凝土结构施工规范和质量验收规范，做好施工技术交底。在模板支设时，模板底部与基础顶面之间的缝隙封堵严密，确保混凝土浇筑时不漏浆，并在混凝土浇筑之前做好模板验收工作。

（2）选择合适水灰比（或坍落度）的混凝土进行浇筑，合理控制振捣时间，从而保证混凝土施工质量。

（3）监理单位做好混凝土结构质量检查验收工作。

3.2 总事故油池

【案例 30】总事故油池图纸设计深度不足

技术监督阶段：工程设计。

1. 问题简述

某 220kV 变电站工程施工图设计于 2019 年 6 月完成。2019 年 7 月，在施工图审查过程中发现进油管及出油管位置不当，导致事故油池埋深过大；缺少人孔板加强筋大样图，总事故油池平面布置图中未标注指北针。总事故油池图纸设计深度严重不足。事故油池平、断面图如图 3-2 所示。

2. 监督依据

《国家电网有限公司输变电工程施工图设计内容深度规定 第 5 部分：220kV 智能变电站》（Q/GDW 10381.5—2017）第 9.8.2.2 条规定："事故油池及排油管道布置图的图纸深度要求如下：

a）事故油池布置图：绘出事故油池的形状、工艺尺寸、进水、出水、透气等平剖面布置位置，标注指北针。

b）排油管道布置图包括以下内容：

1）绘制相关各建筑物的外形、名称、位置、标高、道路及其主要控制点坐标、标高、坡向，指北针、比例。

2）排水管道应注明管道坡度、管径及设计管底标高、每段管道长度及流向、检查井（水封井）及编号等。

3）排水管道绘制高程表，将排水管道的检查井编号、井距、管径、坡度、设计地面标高、管内底标高、管道埋深等写在表内。简单高程可将上述内容（管道埋深外）直接标注在平面图上，不列表。

4）应说明管材及接口、管道基础、图例符号说明，管道安装与施工应遵守的规范等，井盖形式、标准图号等。

c）设备材料汇总表：应注明序号、名称、型号与规格、单位、数量及备注。"

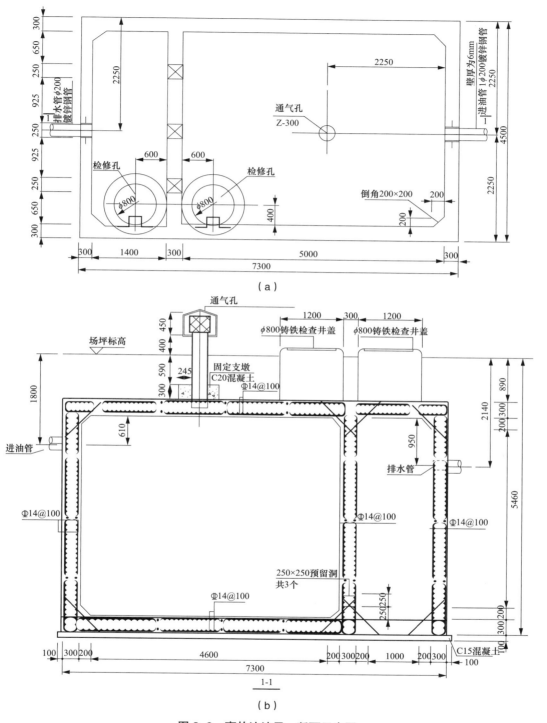

图 3-2 事故油池平、断面示意图

（a）事故油池平面图；（b）事故油池断面图

3. 问题分析

设计单位图纸深度未达到《国家电网有限公司输变电工程施工图设计内容深度规定 第 5 部分：220kV 智能变电站》（Q/GDW 10381.5—2017）第 9.8.2.2 条中事故油池及排油管道布置图的图纸深度要求。

4. 处理措施

按照《国家电网有限公司输变电工程施工图设计内容深度规定 第 5 部分：220kV 智能变电站》（Q/GDW 10381.5—2017）第 9.8.2.2 条中事故油池及排油管道布置图的图纸深度要求，优化事故油池进油管、出油管位置，减小油池埋深；补充人孔板加强筋大样，标注指北针。

5. 工作建议

在工程设计中，需认真执行相关行业标准要求，确保施工图深度达到要求。在施工图审查阶段，应加强对事故油池进油管及出油管位置、油池埋深、人孔板加强筋及指北针等设计细节的审查，从设计源头发现并整改此类问题。

【案例 31】标准变化导致油池容积不足

技术监督阶段：工程设计。

1. 问题简述

某 500kV 变电站 2 号主变压器扩建工程，一期工程建设于 2014 年，老版规范规定事故油池容量按油量最大设备的 60% 油量确定，建成的事故油池有效容积为 99m³。由于规范更新，新版《火力发电厂与变电站设计防火标准》（GB 50229—2019）和《高压配电装置设计规范》（DL/T 5352—2018）建设标准提高，要求事故油池容量按照主变压器油量的 100% 设计。二期主变压器扩建工程拟扩建一台 750MVA 户外三相一体变压器，主变压器油量为 150t，事故油池需要有效容积为 168m³，现有事故油池已不满足扩建主变压器的贮油要求。初步设计方案未考虑规范更新带来的变化和影响。

2. 监督依据

《火力发电厂与变电站设计防火标准》（GB 50229—2019）第 6.7.8 条规定："户外单台油量为 1000kg 以上的电气设备，应设置贮油或挡油设施，其容积宜按设备油量的 20% 设计，并能将事故油排至总事故贮油池。总事故贮油池的容量应按其接入的油量最大的一台设备确定，并设置油水分离装置。当不能满足上述要求时，应设置能容纳相应电气设备全部油量的贮油设施，并设置油水分离装置。贮油或挡油设施应大于设备外廓每边各 1m。"

《高压配电装置设计规范》（DL/T 5352—2018）第 5.5.4 条规定："当设置有总事故贮油池时，其容量宜按其接入的油量最大一台设备的全部油量确定。"

3. 问题分析

在初步设计方案中，设计单位未考虑改扩建现有事故油池，但原事故油池容积已不满足《火力发电厂与变电站设计防火标准》（GB 50229—2019）第 6.7.8 条和《高压配电装置设计规范》（DL/T 5352—2018）第 5.5.4 条的有关事故油池容量的规定，若主变压器放油时会溢出事故油池，造成环境污染。

4. 处理措施

该工程扩建主变压器时，原事故油池事故有效容积不满足相关规范要求，应修改初步设计方案，对现有事故油池进行扩建增容。

选择扩建方案时，为减少工程量和施工难度，首先考虑在原事故油池附近新建一座小容量事故油池，补足原事故油池缺少容量，新旧事故油池之间通过管道连接。但结合该工程总平面布置，综合考虑防火间距、事故油池开挖施工对周边影响等多种因素，最终选择了拆除原有事故油池后新建的方案。

经过上述方法处理，事故油池容量可满足《火力发电厂与变电站设计防火标准》（GB 50229—2019）等规范的要求。整体处理费用为原事故油池拆除费用 4.7 万元，新建事故油池费用 24.9 万元，建筑垃圾清运费 0.9 万元，共计约 30.5 万元，相关费用在初步设计概算中予以补充计列。

5. 工作建议

由于《火力发电厂与变电站设计防火标准》（GB 50229—2019）和《高压配电装置设计规范》（DL/T 5352—2018）的更新，增加了对事故油池的容量要求。事故油池容量按规范增加后，若主变压器发生漏油事故，事故油可以被全部收集在事故油池中，避免了事故油对周边环境产生影响的可能性，增加了事故油处理的安全性。

在主变压器扩建工程的规划可研和工程设计阶段，设计单位应首先核实原有事故油池容积，对不满足新标准要求的事故油池，应综合考虑防火间距、管道布置、事故油池开挖施工对周边影响等因素后，选择安全性高、工作量小、施工影响小的扩建方案，同时，审查人员应做好图纸和方案核查。

【案例 32】混凝土未做抗压和抗渗检测试验

技术监督阶段：竣工验收。

1. 问题简述

某 35kV 变电站于 2018 年 7 月建成投运。该项目事故油池混凝土设计强度 C30，抗渗等级 P6，验收过程中未见事故油池混凝土强度检测报告和抗渗性能检测报告。

2. 监督依据

《混凝土结构工程施工质量验收规范》（GB 50204—2015）第 7.4.1 条规定："混凝土的强度等级必须符合设计要求。用于检验混凝土强度的试件应在浇筑地点随机抽取。

检查数量：对同一配合比混凝土，取样与试件留置应符合下列规定：

1　每拌制 100 盘且不超过 100m³ 时，取样不得少于一次；

2　每工作班拌制不足 100 盘时，取样不得少于一次；

3　连续浇筑超过 1000m³ 时，每 200m³ 取样不得少于一次；

4　每一楼层取样不得少于一次；

5　每次取样应至少留置一组试件。

检验方法：检查施工记录及混凝土强度试验报告。"

《混凝土结构工程施工质量验收规范》（GB 50204—2015）第 7.3.6 条规定："混凝土有耐久性指标要求时，应在施工现场随机抽取试件进行耐久性检验，其检验结果应符合国家现行有关标准的规定和设计要求。

检查数量：同一配合比的混凝土，取样不应少于一次，留置试件数量应符合国家现行标准《普通混凝土长期性能和耐久性能试验方法标准》GB/T 50082 和《混凝土耐久性检验评定标准》JGJ/T 193 的规定。

检验方法：检查试件耐久性试验报告。"

《混凝土结构工程施工质量验收规范》（GB 50204—2015）第 7.3.6 条条文说明："依据《混凝土耐久性检验评定标准》JGJ/T 193，涉及混凝土耐久性的指标有：抗冻等级、抗冻标号、抗渗等级、抗硫酸盐等级、抗氯离子渗透性能等级、抗碳化性能等级以及早期抗裂性能等级等，不同的耐久性试验需要制作不同的试件，具体要求应按照现行国家标准《普通混凝土长期性能和耐久性能试验方法标准》GB/T 50082 的规定执行。"

《电力建设土建工程施工技术检验规范》（DL/T 5710—2014）表 D.0.2（DL/T 5710 表 D.0.2 节选见表 3-2）。

表 3-2　　　　施工过程质量检测试验项目、主要检测试验参数和取样规定

检验类别		主要检测参数	其他检测参数	取样地点	取样规定	质量及取样引用标准
结构工程	混凝土 硬化混凝土	1. 力学性能：标准养护试件强度，同条件试件强度。 2. 耐久性：抗冻性、抗渗性、抗硫酸盐侵入性、抗氯离子侵入性、抗碳化性、早期抗裂性能、氯离子含量	1. 抗折强度。 2. 弹性模量。 3. 握裹力。 4. 干缩性。 5. 膨胀性。 6. 无损检验。 7. 抗拉强度	搅拌地点及浇筑地点制作试件	1. 同配合比混凝土力学性能取样： （1）每拌制 100 盘且不超过 100m³ 的同配合比的混凝土，取样不得少于 1 次。 （2）每工作班拌制的同一配合比的混凝土不足 100 盘时，取样不得少于 1 次。 （3）当一次连续浇筑超过 1000m³ 时，每 200m³ 取样不少于 1 次。 （4）每一楼层、同一配合比的混凝土，取样不得少于 1 次。 （5）每次取样至少留置一组标准养护试件，同条件养护试件的留置根据实际需要确定。 （6）灌注桩、人工挖孔工程桩桩身混凝土时，每根桩不得少于 1 组。 （7）预拌混凝土除应在预拌厂内按规定留置试件外，混凝土运至施工现场后，尚应按 GB 14902 留置。 2. 有抗渗、抗冻要求混凝土：对同一工程、同一配合比的混凝土，检验批不应少于一个。对同一检验批，设计要求的各个检验项目，应至少完成一组试验。 3. 有氯离子含量要求的混凝土：试件应以 3 个为一组，从同一组混凝土试件取样；从每个试件内部各取不少于 200g。从既有结构或构件钻取混凝土芯样；钻取混凝土芯样时相同混凝土配合比的芯样为一组，每组芯样的取样数量不应少于 3 个；当结构部位已经出现钢筋锈蚀、顺筋裂缝等明显裂化现象时，每组芯样的取样数量应增加一倍，同一结构部位的芯样应为一组；取样深度不应小于钢筋保护层的厚度	《混凝土结构工程施工质量验收规范》GB 50204； 《预拌混凝土》GB 14902； 《大体积混凝土施工规范》GB 50496； 《混凝土耐久性检验评定标准》JGJ/T 193； 《地下工程防水技术规范》GB 50108； 《地下防水工程质量验收规范》GB 50208； 《混凝土中氯离子含量检测技术规程》JGJ/T 322

3. 问题分析

（1）施工单位对施工质量验收规程、施工技术检验规范中试块试件检测的要求不熟悉，施工经验不足，未留置混凝土试块。

（2）监理单位现场监督不到位，见证取样制度执行不到位。

4. 处理措施

现场施工回填已经完成，变电站已投入运行，该问题暂未处理。混凝土抗渗性能检测无法实施，事故油池存在潜在的渗漏隐患。

5. 工作建议

（1）该问题产生于土建施工阶段，说明施工单位质量管理人员对混凝土施工质量验收规范和施工技术检验规范中试块试件取样规定不熟悉，应加强对相关规范的学习。

（2）监理单位对现场监督及见证取样制度执行不到位，应加强混凝土施工过程中的监督管理，认真执行见证取样制度。

4 变电站场地

4.1 站区地面

【案例 33】设备区地面塌陷

技术监督阶段：运维检修。

1. 问题简述

某 110kV 变电站于 2010 年投运, 2016 年发现 110kV Ⅱ 段设备区场地存在地面塌陷现象, 地砖存在不同程度的翘起, 如图 4-1 所示。根据地质勘察报告, 该变电站所在场地为自重湿陷性黄土场地, 地基湿陷等级为Ⅳ级（非常严重）。

2. 监督依据

《湿陷性黄土地区建筑标准》（GB 50025—2018）第 1.0.3 条规定："在湿陷性黄土地区进行建筑, 应根据湿陷性黄土的特点、工程要求和工程所处水环境, 因地制宜, 采取以地基处理为主的综合措施, 防止地基湿陷对建筑物产生危害。"

《湿陷性黄土地区建筑标准》（GB 50025—2018）第 6.1.1 条第 2 款规定："自重湿陷性黄土场地, 对一般湿陷性黄土地基, 应将基础底面以下湿陷性黄土层全部处理。"

《建筑地基处理技术规范》（JGJ 79—2012）第 4.4.2 条规定："换填垫层的施工质量检验应分层进行, 并应在每层的压实系数符合设计要求后铺填上层。"表 6.2.2-2 注："地坪垫层以下及基础底面标高以上的压实填土, 压实系数不应小于 0.94。"

图 4-1　地面塌陷

《电力工程地基处理技术规程》（DL/T 5024—2005）第 6.3.1 条规定："灰土垫层适用于持力层上有较大荷载要求、减少沉降量、调整沉降差、消除或降低湿陷性、充当隔水层或防渗帷幕，以及提高地基稳定性等场合。"

《国家电网公司变电验收管理规定（试行）》［国网（运检/3）827—2017］第 27 分册 A3. 二 .2. ③条规定："回填土应从最低处开始，由下向上整个宽度分层铺填碾压或夯实，回填土应分层夯实，回填土中不应含有石块或其他硬质物。"

3. 问题分析

（1）灰土比例未遵照设计 3:7 灰土的要求，施工过程中原土及 3:7 灰土未分层夯实，且夯实系数未达到不小于 0.94 的设计要求。

（2）冬青树坑处存在雨水渗漏情况。

4. 处理措施

拆除地砖并清除冬青树坑，将原土夯实，回填 300mm 厚 3:7 灰土，分层夯实，压实系数不小于 0.94；灰土层上部用 30mm 厚 1:5 硬性水泥砂浆找平，地表采用水泥花砖铺设，细砂填充缝隙。

5. 工作建议

（1）监理单位应在场地地基处理前审查施工方案，处理过程中检查回填土选料、施工方法、压实系数、土壤含水率等主要指标。

（2）在地基处理过程中应充分换填，换填垫层的施工质量检验应分层进行，并应在每层的压实系数符合设计要求后铺填上层。采取施工前方案审查、填料选择，施工中压实系数检测，施工后现场浸水荷载试验等方法，对处理后设计处理深度内地基湿陷性做出评价，当检验结果或合格率不满足设计或《建筑地基基础工程施工质量验收标准》（GB 50202—2018）表 6.2.1（见表 4-1）的规定时，宜查明原因，或扩大检测。应根据扩大检测结果和原检测结果对地基进行综合评价，确保湿陷性消除。

表 4-1 湿陷性黄土场地上素土、灰土地基质量检验标准

序号	项目类别	检查项目	允许值或允许偏差		检查方法
			单位	数值	
1	主控项目	地基承载力	不小于设计值		静载试验
2		配合比	设计值		检查拌和时的体积比
3		压实系数	不小于设计值		环刀法
4		外放尺寸	不小于设计值		用钢尺量
5	一般项目	石灰粒径	mm	≤ 5	筛析法
6		土料有机质含量	%	≤ 5	灼烧减量法
7		土颗粒粒径	mm	≤ 15	筛析法
8		含水量	最优含水量 ±2%		烘干法
9		分层厚度	mm	± 50	水准测量或用钢尺量
10		垫层总厚度	不小于设计值		水准测量或用钢尺量

【案例 34】设备区碎石地坪塌陷

技术监督阶段：运维检修。

1. 问题简述

某 220kV 变电站于 2018 年 11 月建成投运，2019 年 8 月运维检查时，发现站区 110kV 设备区碎石地坪局部出现塌陷，如图 4-2 所示。

图 4-2　设备区碎石地坪局部出现塌陷

2. 监督依据

《建筑地基处理技术规范》（JGJ 79—2012）第 4.4.2 条规定："换填垫层的施工质量检验应分层进行，并应在每层的压实系数符合设计要求后铺填上层。"表 6.2.2-2 注："地坪垫层以下及基础底面标高以上的压实填土，压实系数不应小于 0.94。"

《国家电网公司变电验收管理规定（试行）》［国网（运检 /3）827—2017］第 27 分册 A3. 二 .2. ③条规定："回填土应从最低处开始，由下向上整个宽度分层铺填碾压或夯实，回填土应分层夯实，回填土中不应含有石块或其他硬质物。"

3. 问题分析

站区场地位于回填区域，回填深度约 1.2m，为赶工期及其他因素，厚回填土未分层夯实，压实填土密实度达不到设计要求，遇雨季降水，地表雨水下渗，回填土固结下沉，填土区域出现局部塌陷。

此类问题若长期存在，会造成基础侧土不密实或缺失，进而影响基础稳定性，对土建结构安全不利，设备安全运行存在隐患。

4. 处理措施

及时清理场地，补给土方，依据《建筑地基基础工程施工质量验收标准》（GB 50202—2018）表 9.5.2 要求，分层夯实；经检测符合设计压实度要求后，恢复碎石地坪。

5. 工作建议

（1）监理单位应加强施工单位对相关规程规范执行力度的监督，加强工程建设过程中的质量监督，注重回填土分层厚度，切实做到分层夯填，压实密实度达到设计要求。

（2）建设管理单位应采取措施，确保施工周期合理，避免因追赶工期造成施工质量下降。

（3）后期运行维护时，雨后重点检查是否存在地面沉陷情况，及时进行维修。

4.2　道路

【案例 35】站内道路路面开裂

技术监督阶段：竣工验收。

1. 问题简述

某 110kV 变电站 2018 年 11 月竣工投产。竣工验收时，发现该变电站站内道路路面存在多处裂缝，裂缝长度 0.5 ~ 4m，裂缝宽度 0.2 ~ 0.5cm，如图 4-3 所示。

图 4-3　站内道路路面裂缝

2. 监督依据

《城镇道路工程施工与质量验收规范》（CJJ 1—2008）第 10.6.6 条第 4 款规定："机切缝时，宜在水泥混凝土强度达到设计强度 25% ~ 30% 时进行。"

《城镇道路工程施工与质量验收规范》（CJJ 1—2008）第 10.7.1 条规定："水泥混凝土面层成活后，应及时养护。可选用保湿法和塑料薄膜覆盖等方法养护。气温较高时，养护不宜少于 14d；低温时，养护期不宜少于 21d。"

《城镇道路工程施工与质量验收规范》（CJJ 1—2008）第 10.7.4 条规定："混凝土板在达到设计强度的 40% 以后，方可允许行人通行。"

《城镇道路工程施工与质量验收规范》（CJJ 1—2008）第 10.8.1 条第 2.4 款规定："水泥混凝土面层应板面平整、密实，边角应整齐、无裂缝，并不应有石子外露和浮浆、脱皮、踏痕、积水等现象，蜂窝麻面面积不得大于总面积的 0.5%。"

《公路工程质量检验评定标准 第一册 土建工程》（JTG F80/1—2017）第 P.0.3 条规定："结构混凝土外观质量的限制缺陷应按表 P.0.3 确定。"JTG F80/1 表 P.0.3 节选见表 4-2。

表 4-2　　　　　　　　　　　　结构混凝土外观质量限制缺陷

名称	现象	限制缺陷		
		支座垫石、锚下混凝土、锚索垫块等局部承压构件或部位居中	梁、板、拱、墩台身、盖梁、塔柱、防撞护栏、挡块、伸缩装置	挡土墙、承台、锚碇块体、隧道锚塞体、沉井、基础、桥头搭板、边坡框格梁等
裂缝	表面延伸到内部的缝隙	存在非受力裂缝和宽度超过设计规定值的受力裂缝	存在宽度超过设计规定限值的非受力裂缝（设计未规定的，对防撞护栏及边坡框格梁、隐蔽结构或构件等为 0.3mm，其他结构或构件为 0.2mm）；全预应力及 A 类预应力混凝土构件存在受力裂缝，B 类预应力构件和钢筋混凝土构件存在宽度超过设计和相关规范限值的受力裂缝	

《室外工程》（12J003）总说明第 5.3.7 条规定："路宽小于 5m 时，混凝土沿路纵向每隔 4m 分块做缩缝；路宽 ≥ 5m 时，沿路中心线做纵向缩缝，沿路纵向每隔 4m 分块做缩缝；广场按 4×4m 分缝。混凝土纵向长约 20m 或与不同构筑物衔接时需做伸缝。"

3. 问题分析

（1）施工单位工程技术人员对相关施工规程规范不熟悉，施工技术交底不到位；施工时未合理设置伸缝，未及时切割缩缝。

（2）路面混凝土面层成活后未及时养护或养护不到位也是裂纹产生的原因之一。

（3）监理单位对现场施工监督不到位，未及时督促施工单位按照相关规范要求留置伸缝和切割缩缝。

4. 处理措施

将裂缝边缘破碎混凝土沿垂直方向切割，清除碎石杂物并湿润基层混凝土表面，用水泥路面修补材料灌缝，塑料薄膜覆盖养护。

5. 工作建议

该问题产生于施工阶段，为避免此类问题发生，提出以下建议：

（1）施工单位工程技术人员应熟悉相关规程规范，并做好施工技术交底；按相关规范要求设置伸缝，对浇筑成型的混凝土路面，在强度达到规定要求时及时切割缩缝。

（2）做好混凝土浇筑后的养护工作，在混凝土强度未达到相关规范规定时，不允许通行。

（3）监理单位加强对现场作业的监督工作。

【案例 36】站内道路交叉处开裂

技术监督阶段：竣工验收。

1. 问题简述

某 220kV 变电站于 2019 年 3 月竣工验收时发现站内道路交叉处出现裂缝，如图 4-4 所示。

图 4-4　站内道路交叉处出现裂缝

2. 监督依据

《城镇道路工程施工与质量验收规范》（CJJ 1—2008）第 10.6.6 条第 1 款规定："胀缝间距应符合设计规定，缝宽宜为 20mm。在与结构物衔接处、道路交叉和填挖土方变化处，应设胀缝。"第 10.6.6 条第 4 款规定："机切缝时，宜在水泥混凝土强度达到设计强度

25% ~ 30% 时进行。"

3. 问题分析

经查询施工设计图纸，设计图纸此处设计有胀缝，而施工单位未严格按照设计图纸施工，道路胀缝间距超出相关规范要求，造成交叉处出现裂缝。

4. 处理措施

按设计图纸要求，对此道路交叉部位进行切胀缝处理，缝宽为 20mm；灌缝采用沥青砂浆填充至路面下 20mm，表面采用硅酮耐候胶封闭。

5. 工作建议

（1）该问题暴露出施工过程中，施工单位对相关规范及设计图纸执行不到位。监理单位应加强工程建设过程中的质量监督，尤其应注意施工与设计图纸细节部分的一致性，切实做到按图施工。

（2）后期运行维护时，检查道路是否存在异常开裂现象。

4.3 边坡和护坡

【案例 37】河沟冲刷导致变电站护坡塌陷

技术监督阶段：运维检修。

1. 问题简述

某 110kV 变电站于 2017 年 9 月投运，变电站原土为湿陷性黄土，易发生遇水湿陷。变电站建设时，未进行南围墙外紧邻河道侧护坡建设，造成变电站紧邻河道处无防护。2018 年 6 ~ 8 月汛期长期降雨，站外河沟水势汹涌，受雨水冲刷影响，河沟紧邻变电站侧出现坍塌的迹象，严重威胁站内设备安全稳定运行。站外地面开裂如图 4-5 所示，护坡塌陷如图 4-6 所示。

图 4-5 站外地面开裂

图 4-6 护坡塌陷

2. 监督依据

《湿陷性黄土地区建筑标准》（GB 50025—2018）第 9.1.1 条规定："湿陷性黄土地区的既有建筑物或设备基础，出现下列情况时宜进行地基加固：

1 地基土的承载力或沉降变形不能满足使用要求；

2 地基浸水湿陷变形，继续发展可能导致基础变形或破坏，需要阻止湿陷继续发展；

3 不均匀沉降超过现行国家标准《建筑地基基础设计规范》（GB 50007）规定的允许值。"

《建筑边坡工程技术规范》（GB 50330—2013）第 3.1.6 条规定："山区工程建设时应根据地质、地形条件及工程要求，因地制宜设置边坡，避免形成深挖高填的边坡工程。对稳定性较差且边坡高度较大的边坡工程宜采用放坡或分阶放坡方式进行治理。"

《建筑边坡工程技术规范》（GB 50330—2013）第 5.1.1 条规定："下列建筑边坡应进行稳定性评价：

1 选作建筑场地的自然斜坡；

2 由于开挖或填筑形成、需要进行稳定性验算的边坡；

3 施工期出现新的不利因素的边坡；

4 运行期间条件发生变化的边坡。"

3. 问题分析

变电站为用户投资建设，沿河道而建，建成后用户将变电站资产移交给供电公司。

变电站处于湿陷性黄土地区，具有较强湿陷性，因未修建护坡，土坡遇雨水冲刷浸润后土质松软，易造成塌陷，影响围墙安全，给变电站安全运行带来隐患。

4. 处理措施

清理坡面垃圾，面层夯实后铺设 C15 素混凝土护坡，按周期养护。

5. 工作建议

湿陷性黄土地区的工程建设，建设、设计、施工单位应根据湿陷性黄土的特点、工程要求和工程所处水环境，因地制宜，采取以地基处理为主的综合措施。在可能滑坡的地区修建护坡，防止产生湿陷滑塌，给变电站安全稳定运行带来隐患。

【案例 38】连续降雨导致变电站边坡失稳、场地塌陷

技术监督阶段：运维检修。

1. 问题简述

某 220kV 变电站于 2009 年建成投运，南侧 220kV 配电场地为深填方区，最大填土深度 15m，边坡最大高差 18m。2016 年 7 月，受连续强降雨影响，场地排水不畅，变电站内积水严重，大量雨水渗入变电站南侧高填方边坡土体内，导致 220kV 场地南侧的部分围墙

向外侧滑塌，围墙下桩头外倾，如图 4-7 所示；220kV 配电装置区 3 个间隔靠围墙侧地面坍塌，构架桩基承台外露等。

有关单位立即进行抢修，增加边坡中段抗滑桩和挡土墙设计，对损毁的场地和边坡进行恢复，在原倒塌南围墙桩间位置进行补桩，新建围墙桩端进入原状土层。同时，对场地内增设 5 条盲沟、围墙侧排水沟加强排水；围墙地梁、边坡抗滑桩暨挡土墙、坡脚挡土墙处设置了 11 个位移观测点。工程于 2016 年 9 月初完成。边坡抗滑桩布置如图 4-8 所示，边坡断面如图 4-9 所示。

图 4-7　变电站部分围墙向外侧滑塌

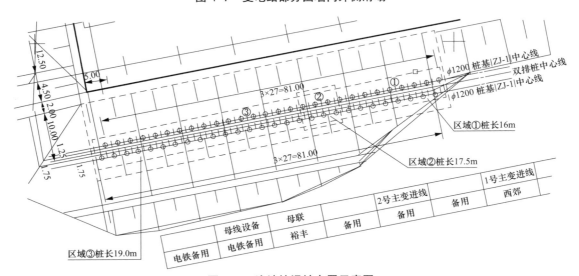

图 4-8　边坡抗滑桩布置示意图

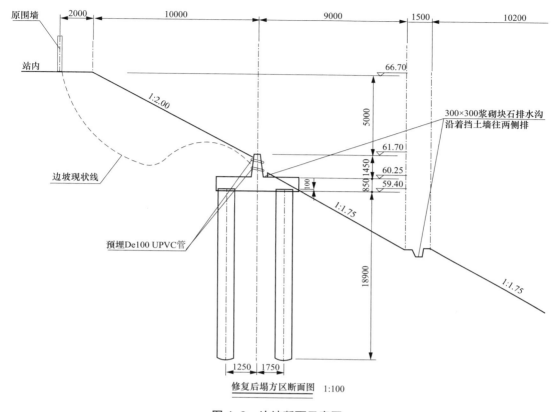

图 4-9　边坡断面示意图

　　2017 年 3 月，运维单位巡视中发现新修建护坡底部有小部分塌陷，场地局部有沉降。此次发生场地沉降的位置与上次滑坡边界位置基本相同，为 220kV 配电场地西南侧相邻三个间隔靠边坡侧设备支架处（共 9 基），地面设备操作地坪下土层下沉，其中 2 个间隔内土体下沉较大，最大下沉量 15cm；挖开后，操作地坪（100mm 厚，素混凝土板式结构）存在破碎、断裂现象，场地沉陷情况如图 4-10 所示。围墙内侧排水沟沟壁有倾斜变形，如图 4-11 所示。

　　围墙外水泥走道下和挡土墙上坡面位置浆砌块石护坡表面出现多处裂缝、空鼓、下沉等现象，如图 4-12 所示。

　　2017 年 3 月，施工单位在护坡塌陷冒水的位置重新开挖，加设土工布、卵石和 6 根直径 200mm 的 PVC 埋管，以排出边坡里面的地下水。

　　运维单位持续对该变电站护坡情况进行重点巡视及位移观测，边坡情况基本没有大的发展，但是局部稍有变化：南面边坡第一级护坡有一长条形的浆砌块石坡面起鼓、开裂，边坡表面多处出现不规则的裂缝、空鼓、脱落等现象；南边坡正对水塘处，原挡土墙下有渗水现象。围墙外西南处边坡上新老挡土墙间缝隙如图 4-13 所示。

（a） （b）

图 4-10 场地沉陷情况

（a）场地沉陷点 1；（b）场地沉陷点 2

图 4-11 排水沟变形情况

图 4-12 护坡表面空鼓

图 4-13　围墙外西南处边坡上新老挡土墙间缝隙

2019 年 5 月，运维单位申请第二批费用 6.6 万元开展南边坡、场地裂口及边坡表面的修复工作，修复后总体情况良好。

2. 监督依据

《建筑地基处理技术规范》（JGJ 79—2012）第 4.4.2 条规定："换填垫层的施工质量检验应分层进行，并应在每层的压实系数符合设计要求后铺填上层。"第 6.2.2 条第 4 款规定："压实填土的质量以压实系数 λ_c 控制，并应根据结构类型和压实填土所在部位按表 6.2.2-2 的要求确定。"

《国家电网公司变电验收管理规定（试行）》［国网（运检 /3）827—2017］第 27 分册 A3. 二 .2.③条规定："回填土应从最低处开始，由下向上整个宽度分层铺填碾压或夯实，回填土应分层夯实、回填土中不应含有石块或其他硬质物。"

《建筑边坡工程技术规范》（GB 50330—2013）第 1.0.4 条规定："建筑坡工程应综合考虑工程地质、水文地质、边坡高度、环境条件、各种作用、邻近的建 (构) 筑物、地下市政设施、施工条件和工期等因素，因地制宜、精心设计、精心施工。"

3. 问题分析

（1）回填土不密实。施工过程中，设备支架操作地坪及附近回填土密实度未达到设计压实要求，是造成操作地坪破碎断裂、下部土层沉陷的原因之一。

（2）场地排水不畅。由于采用碎石地面，雨水排放迟滞、径流时间长，积水长期浸泡回填土，渗入土体水量大，也容易造成地面沉陷。

（3）水土流失。边坡坡脚挡土墙底部渗水处未采取防泥土流失措施，场地积水下渗带走泥土颗粒形成空隙而造成沉降。

（4）土体固结因素。下沉场地为高填方区域，回填土长期累积自重固结和施工后沉降也是引起沉降的原因之一。边坡破损的主要原因为：边坡及挡土墙虽预埋了PVC排水管，但坡面下渗积水不能及时有效排出，边坡填方土体冲刷流失和沉降后，造成护坡面发生沉降破坏。

4. 处理措施

（1）加强巡视和继续进行边坡监测工作。运维单位结合日常巡视工作，对护坡情况进行重点巡视，重点对边坡排水情况、冲刷情况、支护情况进行观测。

（2）在南面高边坡坡底，采用加设土工布、卵石和PVC埋管方式设置排水通道，排出边坡土体积水。

（3）在下沉严重间隔场地下沉裂口采用灌缝填实处理，并在裂口处及向围墙区域碎石层下设置防水隔膜布，在场地向围墙处进行了排水明沟找坡，使雨水能有组织地排向明沟，减少了场地雨水下渗。

（4）用黄沙填实围墙外散水的缝隙；用卵石、水泥等材料填实修整破损边坡坡面，防止雨水侵入边坡里。

5. 工作建议

该问题是由于高填方区回填土夯实不到位引起的，建议站址选择时尽量避免高填方区。政府承诺场地平整的工程，在政府平整场地时请监理单位介入。对于高度比较大的边坡，应请有相应资质的施工单位施工。

5 变电站给排水及暖通

5.1 给排水

【案例 39】变电站给排水接入资料缺失

技术监督阶段：工程设计。

1. 问题简述

设计单位未取得某 220kV 变电站给排水点相关资料，未明确给水干管的方位、管径、水量、水压等，未明确排水点的标高、位置、检查井编号。

2. 监督依据

《国家电网有限公司输变电工程初步设计内容深度规定　第 8 部分：220kV 智能变电站》（Q/GDW 10166.8—2017）第 10.1 条规定："对于站区供、排水条件的说明，应包括：

a）水源：由自来水管网供水时，应说明供水干管的方位、接管管径、能提供的水量与水压。当建自备水源时，应说明水源水质、水文及供水能力，取水方式及净化处理工艺和设备选型等。

b）现有排水条件：当排入城市管道或其他外部明沟时应说明管道、明沟的大小、坡向，排入点的标高、位置或检查井编号。当排入水体（江、河、湖、海等）时，还应说明对排放的要求。并应取得排放地点的排水协议。"

3. 问题分析

工程设计阶段前期，设计单位调研工作不足，收资不到位，没有根据《国家电网有限公司输变电工程初步设计内容深度规定 第 8 部分：220kV 智能变电站》（Q/GDW 10166.8—2017）第 10.1 条要求，收集相关资料，说明给排水点的相关情况，易造成变电站给排水专业布设不合理，进而导致给排水点与城市管网连接后变电站消防用水及生活用水隐患，带来较大的投资变化。

4. 处理措施

设计单位与给排水管理部门沟通联系，对变电站所需资料进行补充调研收集，并在设计文件中明确给水干管的方位、管径、水量、水压等，明确排水点的标高、位置、检查井编号。

5. 工作建议

该典型问题暴露出在工程设计阶段设计单位对初步设计内容深度规定理解执行不到位，前期收资不到位，设计深度不够。应在工程设计阶段前期对变电站设计所需资料进行梳理，安排专人与相应部门沟通联系，充分收资，以满足工程设计需要。

【案例 40】站区排水管道变形损坏致场地塌陷

技术监督阶段：运维检修。

1. 问题简述

某变电站于 2013 年 12 月建成投产，运维人员 2019 年 6 月巡视时，发现检查井边土方流失、塌陷，如图 5-1 所示。进一步检查后发现排水管道接口处断裂脱离，管道内有大量积土，如图 5-2 所示。

2. 监督依据

《给水排水管道工程施工及验收规范》（GB 50268—2008）第 4.1.9 条第 5 款规定："回填时采取防止管道发生位移或损伤的措施。"

《给水排水管道工程施工及验收规范》（GB 50268—2008）第 4.4.1 条规定："管道地基应符合设计要求，管道天然地基的强度不能满足设计要求时应按设计要求加固。"

《给水排水管道工程施工及验收规范》（GB 50268—2008）第 4.4.2 条规定："槽底局部超挖或发生扰动时，处理应符合下列规定：

图 5-1　检查井边土方流失、塌陷

图 5-2　排水管道内有大量积土

　　1　超挖深度不超过 150mm 时，可用挖槽原土回填夯实，其压实度不应低于原地基土的密实度；

　　2　槽底地基土壤含水量较大，不适于压实时，应采取换填等有效措施。"

　　《给水排水管道工程施工及验收规范》（GB 50268—2008）第 4.5.4 条规定："除设计有要求外，回填材料应符合下列规定：

　　1　采用土回填时，应符合下列规定：

　　1）槽底至管顶以上 500mm 范围内，土中不得含有机物、冻土以及大于 50mm 的砖、石等硬块；在抹带接口处、防腐绝缘层或电缆周围，应采用细粒土回填；

　　2）冬期回填时管顶以上 500mm 范围以外可均匀掺入冻土，其数量不得超过填土总体积的 15%，且冻块尺寸不得超过 100mm；

　　3）回填土的含水量，宜按土类和采用的压实工具控制在最佳含水率 ±2% 范围内；

　　2　采用石灰土、砂、砂砾等材料回填时，其质量应符合设计要求或有关标准规定。"

　　《给水排水管道工程施工及验收规范》（GB 50268—2008）第 4.5.6 条规定："回填土或其他回填材料运入槽内时不得损伤管道及其接口，并应符合下列规定：

　　1　根据每层虚铺厚度的用量将回填材料运至槽内，且不得在影响压实的范围内堆料；

　　2　管道两侧和管顶以上 500mm 范围内的回填材料，应由沟槽两侧对称运入槽内，不得直接回填在管道上；回填其他部位时，应均匀运入槽内，不得集中推入；

　　3　需要拌和的回填材料，应在运入槽内前拌和均匀，不得在槽内拌和。"

3. 问题分析

该类问题的产生，是由于土建施工阶段施工不规范导致的：

（1）管道基础未按设计要求施工，造成承载力不满足设计及相关规范要求。

（2）沟槽回填时，未对管道采取保护措施，管道出现永久变形。

（3）沟槽回填时，回填土料不符合设计和相关规范要求，对管道造成损伤。

（4）管道接口变形或管壁破裂造成渗漏，长期浸泡后导致场地地面坍塌。

根据现场实际情况及地质条件分析判断，该工程在沟槽土方回填时，未对管道采取保护措施，导致管道在接口处出现变形造成渗漏，管道外的回填土在管道渗漏的雨水浸泡、冲刷下大量地流失，加剧了场地塌陷。

4. 处理措施

（1）拆除塌坏的排水管道段并重新铺设施工，施工过程严格按施工规范、施工工艺及设计要求进行：

1）对管道底软土进行清理，采用中砂回填，严格控制其密实度，保证管道基础承载力满足要求。

2）沟槽回填时做好对管道的保护，防止管道发生位移、损伤。

3）选择合适的回填土料，分层夯实，保证回填土施工质量。

（2）处理费用约为 2.5 万元。该类问题的发生及处理过程均会影响设备安全运行。

5. 工作建议

（1）施工单位加强对管道施工工艺的学习，增强质量意识。

（2）监理人员认真履职，及时发现质量问题并督促施工单位整改。

（3）加强隐蔽部位质量控制，施工单位及监理单位应留有施工过程影像资料，以备抽查。

【案例 41】变电站电缆沟积水

技术监督阶段：运维检修。

1. 问题简述

某 110kV 变电站于 2015 年 8 月建成投运，该变电站位于市政道路旁，站区雨水汇集后排入市政雨水管网；站区主电缆沟采用混凝土浇筑，沟深 1.5m，电缆沟内积水通过排水管接入雨水检查井，排入站区雨水管网。2017 年 10 月，运维检修人员日常巡检发现室外电缆沟存有积水，如图 5-3 所示，电缆长期浸泡在积水中，威胁站内设备安全。

图 5-3　某 110kV 变电站电缆沟积水

2. 监督依据

《变电站和换流站给水排水设计规程》（DL/T 5143—2018）第 5.1.3 条规定："排水系统宜设置为自流排水系统，不具备自流排水条件时应采用水泵升压排水方式。"

《国家电网公司输变电工程通用设计　35 ～ 110kV 智能变电站模块化建设施工图设计（2016 年版）》第 6.4.8.2 条第 1 款规定："场地排水应根据站区地形、地区降雨量、土质类别、站区竖向及道路综合布置，变电站内排水系统宜采用分流制排水。站区雨水采用散排或有组织排放。生活污水采用化粪池处理，定期处理。"第 6.4.8.2 条第 2 款规定："站区排水有困难时，可采用地下或半地下式排水泵站。"

3. 问题分析

经过现场勘察，发现造成电缆沟存有积水无法排出的原因有：

（1）站区电缆沟沟底标高低于站外市政雨水管网标高，不具备自流排水条件，在工程设计阶段设计单位对周边市政管网收资不到位，未考虑排水泵池提升排水。

（2）部分电缆沟至站区排水主网的连接管道发生异物堵塞，导致电缆沟内积水无法及时排入站内排水管网。

4. 处理措施

增加地下雨水泵池，将站内排水管网内的水强排至站外市政管网，减少站内排水管内积水；疏通电缆沟至站区排水主网的连接管道，并在端部用镀锌钢丝网封口，防止异物进入。

经过上述方法处理，电缆沟积水问题基本解决。整体处理费用为设备购置安装费约 4 万元，直接工程费约 17 万元，共计约 21 万元。

5. 工作建议

该典型问题暴露出在工程设计和土建施工阶段对站区及电缆沟排水问题重视程度不够。为避免此类问题发生，建议采取如下措施：

（1）在规划可研和工程设计阶段，设计单位应对变电站周边管网情况进行充分收资，结合周边管网情况和站区地形、竖向设计等考虑变电站场区排水方案，还需结合坡度和管网管径考虑是否建设排水泵池。

（2）在土建施工阶段，为避免排水管网出现积水，施工单位应严格按照施工工艺要求进行施工，电缆沟底部排水横坡和排水槽纵坡的坡度应满足排水要求。

（3）在运维检修阶段，应对排水设施进行定期检查，及时清理场区排水管网，避免异物进入造成堵塞。

5.2 暖通

【案例 42】高压室未预留空调电源接口

技术监督阶段：竣工验收。

1. 问题简述

某 110kV 变电站 2019 年 4 月建成投运，竣工验收时发现高压室未预留空调电源接口。高压室开关柜内安装有 10 ~ 110kV 保护、测控及合并单元等装置，但在设计阶段未考虑保护及自动装置对环境温度超过 30℃应配置空调的要求，未设计空调电源接口。

2. 监督依据

《国家电网有限公司关于印发十八项电网重大反事故措施（修订版）的通知》（国家电网设备〔2018〕979 号）第 12.4.1.16 条规定："配电室内环境温度超出 5 ~ 30℃范围，应配置空调等有效的调温设施；室内日最大相对湿度超过 95% 或月最大相对湿度超过 75% 时，应配置除湿机或空调。配电室排风机控制开关应在室外。"

《国家电网公司变电验收管理规定（试行）》［国网（运检 /3）827—2017］第 27 分册 A4. 八 .42.④条规定："变电站主控室、继电保护室、通信机房、蓄电池室、开关室等应装设空调。空调的选用应满足所在房屋设备对运行环境的制冷（制热）要求，同时满足国家相关规范要求；蓄电池室必须安装防爆空调，其电源插座、开关不应装在蓄电池室内。"

3. 问题分析

该问题发生在工程设计阶段，智能变电站的保护、测控及自动装置、合并单元均在高压室，与变电一次设备在同一个房间，由于设计单位对智能变电站保护和自动装置安装位置和环境要求不了解，造成设计单位未对高压室预留空调电源接口。

4. 处理措施

校验站用变压器容量后，配置空调，对空调电源进行布线，并安装电源接入空气开关。

5. 工作建议

在工程设计阶段，电气、暖通专业人员应加强专业间沟通，进行暖通设计时应充分考虑变电站设备对运行环境的要求，保障设备运行环境。

6 输电线路及电缆隧道

6.1 线路基础

【案例 43】盐湖地区铁塔基础沉降位移

技术监督阶段：运维检修。

1. 问题简述

某 750kV 线路 2013 年 6 月投运。2018 年 10 月，运维人员发现该线路在盐湖地区的 14 基铁塔存在比较严重的基础沉降、位移超标和塔材变形等情况，分别如图 6-1 和图 6-2 所示。

图 6-1 基础沉降

图 6-2 塔材变形

2. 监督依据

《盐渍土地区输电线路岩土工程勘察规定》（Q/GDW 1791—2013）第 7.1.2 条 a) 款规定："线路路径应尽量避让强、超盐渍土地带，特别是硫酸盐渍土、碱性盐渍土发育地段及盐沼地带（盐渍土类型按本规程附录 A 划分）。"

《架空输电线路运行规程》（DL/T 741—2019）第 5.1.4 条规定："交流线路杆塔的倾斜度、杆（塔）顶挠度、横担的歪斜程度不应超过表 1 的规定。"交流线路杆塔倾斜度、杆（塔）顶挠度、横担歪斜最大允许值见表 6-1。

表 6-1　　　　交流线路杆塔倾斜度、杆（塔）顶挠度、横担歪斜最大允许值

类别	钢筋混凝土电杆	钢管杆	角钢塔	钢管塔
直线杆塔倾斜度（包括挠度）	1.5%	0.5%（倾斜度）	0.5%（50m 及以上高度铁塔）；1.0%（50m 及以下高度铁塔）	0.5%
直线转角杆最大挠度	—	0.7%	—	—
转角和终端杆 66kV 及以下最大挠度	—	1.5%	—	—
转角和终端杆 110～220kV 最大挠度	—	2%	—	—
杆塔横担歪斜度	1.0%	—	1.0%	0.5%

《架空输电线路运行规程》（DL/T 741—2019）第 5.1.8 条规定："铁塔主材相邻结点间弯曲度不应超过 0.2%，特高压钢管塔不应超过 0.1%。"

3. 问题分析

运维单位组织专家对问题进行了分析论证，铁塔基础沉降的原因主要为：

（1）与线路并行的盐田运输道路，其通行重载车辆动荷载的长期作用，是造成近距离塔腿基础沉降大于另外两个塔腿基础沉降的原因之一。

线路紧邻一条运输道路，该道路边缘距线路 C/D 塔腿 7～10m，路面标高低于塔基地面标高 1～2m，路宽 8m。线路施工期间该道路主要用于分割盐田堤坝，车辆较少，近几年由于盐湖工业的快速发展，堤坝扩宽了 2～3m，变为主要大型重载车辆的运输道路。重载车辆的长期碾压、振动，导致路基下的淤泥质粉质黏土压缩变形，从而造成沿路塔基发生不均匀沉降。

（2）雨水汇集溶解高垫盐层是造成基础不均匀沉降位移的原因之二。

该区域内高垫层为内陆盐渍土。盐土干燥状态下具有强度高、压缩性小的特点，但遇到雨水后盐分溶解，盐土在荷载或自重作用下下沉，形成盐土的溶陷。根据当地气象资料，近几年降雨量逐年增加，2018 年降雨较往年增加 6 成，塔身集水作用使雨水沿铁塔斜柱基础内侧汇集在四个塔腿中间区域，雨水溶蚀了塔基斜柱基础内侧高垫盐土层，造成基础向塔基中心倾斜，导致基础产生不均匀沉降、位移和塔材变形。

（3）雨水渗入地基，溶蚀基底换填层以下结晶盐层是基础发生不均匀沉降的原因之三。

盐湖地区均为淤泥质软地基，换填层是提高地基承载力和减小沉降的重要措施，但换填层以下存在结晶盐层。该结晶盐层一方面传导了线路旁道路重载车辆运输时的振动荷载；另一方面雨水渗入地基，溶蚀了部分结晶盐层，垫层倾斜造成基础发生不均匀沉降。

（4）盐田的工业生产引起塔基、垫层的水环境变化和干湿交替，造成基础不稳定是基础发生不均匀沉降的原因之四。

4. 处理措施

（1）对盐湖地区基础沉降位移处理方案。

1）处理范围：该 750kV 线路Ⅰ线 59 ~ 171 号塔共 113 基，该 750kV 线路Ⅱ线 57 ~ 169 号塔共 113 基。

2）对塔身变形严重的Ⅰ线 108、111 号塔进行塔身临时加固处理：边坡以下主材采用圆木、橡胶垫块绑扎支撑；每个塔腿正侧面用 3 根抱杆支撑于塔腿隔面处。

3）对基础不均匀沉降和塔身倾斜比较严重的 13 基塔进行基础连梁加固：柱顶以下 0.3m 处采用角钢连梁正侧面拉结，连梁采用 3 道沥青漆防腐。

4）基面防水处理：

a. 处于盐池的塔基整个高垫层顶面做不小于 6% 的散水坡并铺设 HDPE 不透水膜，上覆 200mm 不透水保护层，在塔基边缘侧向用土工麻袋压实不透水膜。

b. 处于盐湖边缘的塔基整个高垫层顶面重新做不小于 6% 散水坡，基础主柱四周做玻璃钢排水槽。

c. 沼泽段做散水坡，每个塔腿处做坡度不小于 5% 的散水坡，范围不小于 6m。

5）委托有资质的检测单位对铁塔及基础进行位移和沉降监测。运维单位加强巡视。

6）进一步搜集和掌握盐湖地区区域地质情况，开展必要的岩土勘察工作，为盐湖地区铁塔基础沉降位移原因分析、隐患处理及经验总结提供参考依据。

（2）对盐湖地区改建线路地基基础处理方案。

1）处理范围：该 750kV 线路Ⅰ线 107 ~ 111 号塔共 5 基。

2）新浇基础采用直柱大板基础并设置混凝土连梁，加长地脚螺栓外露尺寸，基底换填层采用1m厚级配合理的碎石垫层。

3）建议该线路在盐湖地区Ⅰ、Ⅱ线加装输电线路杆塔倾斜在线监测装置。

（3）制订处理方案及形成可研报告，预估整体处理费用为安装工程费1272.48万元，拆除工程费38.46万元，设备检修费2462.27万元，配件购置费986.41万元，设备购置费195万元，其他费用及编制基准期价差1574.22万元，共计6528.84万元。该类问题造成的损失十分严重，并对铁塔的安全运行带来较大隐患。

5. 工作建议

该典型问题暴露出针对盐湖地区地质情况的勘察设计和施工经验不足。盐渍土是具有特殊性质的土，其勘察工作除应首先满足《岩土工程勘察规范》（GB 50021—2009）的要求外，还应满足《盐渍土地区建筑技术规范》（GB/T 50942—2014）的要求。今后规划建设的线路建议远离路基边缘30m以外，施工时做好基面防水处理；设备运维时需巡视铁塔及基础的位移和沉降情况，发现异常后应及时处理。

【案例44】线路基础开裂

技术监督阶段：运维检修。

1. 问题简述

某1000kV线路工程于2016年4月开工建设，塔基基础于2016年施工，2017年6月投入运行。2019年6月29日，运维单位发现该1000kV线路Ⅱ线212号塔基础立柱存在明显裂缝，随后立即组织人员对该1000kV线路Ⅰ、Ⅱ线基础进行全面排查，并采用回弹法检测基础混凝土强度。

（1）排查塔位706基，其中239基存在不同程度裂缝现象。线路施工3标段经两次排查，发现存在裂缝塔位63基，其中较严重塔位13基。

（2）对15基存在明显裂缝的基础进行回弹法强度测试，其中11基强度不合格。

另外，运维单位还组织第三方检测机构进行了混凝土裂缝（深度、宽度）、混凝土强度、碳化深度的检测，从检测结果看，裂缝主要是在表面（顶面、立柱浅部侧面），裂缝深度28～195mm，强度推定值最小14.0MPa，部分基础混凝土强度低于设计值，基础混凝土碳化深度较小。

2019年7月，该电力公司技术监督办公室组织国网经济技术研究院有限公司、中国电力科学研究院有限公司有关结构、岩土专业技术人员，会同该电力公司相关运维检修人员，现场查看了该1000kV输电线路及邻近的其他线路近10基铁塔基础，重点对其中3基裂缝较明显、强度疑似较低的塔位基础进行了局部开挖，查验测量裂缝深度，并开展了混凝土回弹强度、钢筋分布、保护层厚度、碳化深度等试验测试，具体情况如下。

（1）基础裂缝。基础顶部裂缝呈放射状，一般从保护帽内（可能从地脚螺栓）向表面延伸，分布相对较均匀，基顶典型裂缝分布如图 6-3 所示。Ⅱ线 212 号塔 A 腿基础为开挖板式基础，其四个侧面存在 12 条裂缝，其中 1 号裂缝较为严重，该裂缝在侧面延伸至顶面以下 1.5m 处，其余裂缝延伸较浅，212 号塔 A 腿基础裂缝如图 6-4 所示。

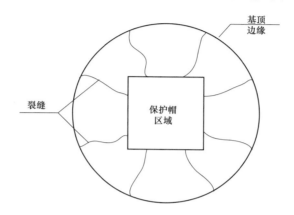

图 6-3　基顶典型裂缝分布示意图

图 6-4　212 号塔 A 腿基础裂缝

Ⅱ线 217 号塔 B 腿基础为灌注桩基础，其表面存在多条裂缝，其中 2 号裂缝较为严重，217 号塔 B 腿基础裂缝分布如图 6-5 所示。

图 6-5　217 号塔 B 腿基础裂缝分布

223 号塔基础为灌注桩基础，4 个塔腿基础表面均存在多条裂缝，223 号塔基础裂缝分布如图 6-6 所示。

图 6-6　223 号塔基础裂缝分布

（2）混凝土强度。对 212 号塔 A 腿、217 号塔的 B 腿基础进行回弹法强度测试，该基础混凝土设计强度等级为 C30，根据检测强度值（约为 15MPa）以及测试后表面有弹击微凹陷等特征（见图 6-7），综合判断 217 号塔的 B 腿混凝土强度不满足设计要求。经检测，基础混凝土碳化深度较小，非裂缝形成和混凝土强度偏低的影响因素。

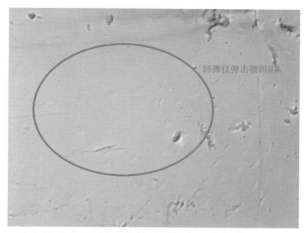

图 6-7　217 号塔 B 腿基础混凝土回弹仪弹击微凹陷

（3）基础钢筋。212 号塔 A 腿基础立柱截面设计尺寸为 1600mm×1600mm，钢筋保护层厚度设计值为 70mm，立柱截面设计主筋 40 根 ϕ28 钢筋，均匀分布。实测的钢筋数量符合设计要求，但主筋分布、保护层厚度不均，212 号塔 A 腿基础立柱浅部钢筋分布如图 6-8 所示。

图 6-8　212 号塔 A 腿基础立柱浅部钢筋分布

217 号塔的 B 腿桩基础设计截面尺寸为 ϕ1800，主筋设计为 38 根，测试数量为 38 根，符合设计要求，217 号塔 B 腿基础浅部钢筋分布如图 6-9 所示。

图 6-9　217 号塔 B 腿基础浅部钢筋分布

2. 监督依据

《混凝土结构工程施工质量验收规范》（GB 50204—2015）第 7.4.1 条规定："混凝土的强度等级必须符合设计要求。用于检验混凝土强度的试件应在浇筑地点随机抽取。

检查数量：对同一配合比混凝土，取样与试件留置应符合下列规定：

1　每拌制 100 盘且不超过 100m³ 时，取样不得少于一次；

2　每工作班拌制不足 100 盘时，取样不得少于一次；

3　连续浇筑超过 1000m³ 时，每 200m³ 取样不得少于一次；

4　每一楼层取样不得少于一次；

5　每次取样应至少留置一组试件。

检验方法：检查施工记录及混凝土强度试验报告。"

《混凝土结构工程施工质量验收规范》（GB 50204—2015）第 8.2.1 条规定："现浇结构的外观质量不应有严重缺陷。对已经出现的严重缺陷，应由施工单位提出技术处理方案，并经监理单位认可后进行处理；对裂缝或连接部位的严重缺陷及其他影响结构安全的严重缺陷，技术处理方案尚应经设计单位认可。对经处理的部位应重新验收。

检查数量：全数检查。

检验方法：观察，检查处理记录。"

《混凝土结构工程施工质量验收规范》（GB 50204—2015）第 8.2.2 条规定："现浇结构的外观质量不应有一般缺陷。对已经出现的一般缺陷，应由施工单位按技术处理方案进行处理。对经处理的部位应重新验收。

检查数量：全数检查。

检验方法：观察，检查处理记录。"

《预拌混凝土》（GB/T 14902—2012）第 7.5.4 条规定："预拌混凝土从搅拌机卸入搅拌运输车至卸料时的运输时间不宜大于 90min，如需延长运送时间，则应采取相应的有效技术措施，并应通过试验验证；当采用翻斗车时，运输时间不应大于 45min。"

3. 问题分析

（1）基础裂缝。

1）裂缝的形成是原材料与施工因素综合影响的结果。

a. 混凝土长距离运输。该线路全线采用商品混凝土，而其附近的某 ±800kV 线路全线采用现场集中搅拌混凝土，通过外观检查及回弹强度检测，总体上后者的基础混凝土要优于该线路，分析原因主要在于该段线路位于沙漠腹地，交通条件恶劣，且距离搅拌站较远（约 80km），运输时间需 2～3h 以上，预拌厂家往往在这种情况下掺入较多的外加剂，运送至现场时容易产生离析、水泥发生水化反应等问题，降低水泥水化物与骨料粘结作用，从而影响混凝土质量。

b. 混凝土配合比设计不当、骨料级配较差。从 217 号塔 B 腿基础凿出的混凝土块（见图 6-10）判断，入模混凝土材料配合比不当、骨料级配和规格疑似不符合要求，基础细骨料（中粗砂）粒径偏小，水泥含量较高，在养护条件不够的情况下更易产生收缩裂纹。

图 6-10　217 号塔 B 腿基础凿出的混凝土块

c. 施工过程混凝土养护不善。混凝土浇筑振捣密实后，适当的温度与湿度是保证水泥水化的重要条件，养护不当如洒水保湿不及时、温度过低或过高时成品保护不到位等均会导致混凝土表面收缩裂缝的产生，也会影响水泥水化反应，造成混凝土强度达不到设计要求。线路塔基由于距离施工项目部远、各塔基之间距离长的特殊性，往往不能及时跟踪浇筑后的养护情况，线路塔基多用草栅子、塑料布保湿，在风大或塑料布破坏的情况下容易失水。

d. 气候干燥、昼夜及年温差大加剧了裂缝发展。从部分基础局部开挖看，裂缝主要分布在浅部，是易受环境影响的部位。该地区气候干燥，浇筑后混凝土表面保水措施不力，表面水分蒸发过快，混凝土收缩变形加剧；另外，3标段基础主要在夏季施工，在白天不遮挡、夜间不保温的情况下，昼夜温差极限值可达 50℃ 以上，地脚螺栓具有高导热性，与混凝土温度变形不协调，易导致地脚螺栓周围产生裂缝；该地区年温差可达 80℃，内外温差大，也会加剧表面裂缝发展。

2）上部结构对基础的荷载作用对裂缝形成的影响较小，非主因，设计文件满足承载能力极限状态、正常使用极限状态要求。根据现场情况分析：

a. 存在各基础裂缝顶面分布相对较均匀，且立柱侧面均未见横向裂缝等现象，而铁塔对基础的作用是竖向与水平向联合作用，基础处于竖向偏心受压状态，如因上部荷载作用导致裂缝，则顶面裂缝应与偏心状态保持理论一致。

b. 有些转角塔、耐张塔、双回钢管塔等基础承受更大荷载，而基础裂缝现象较轻，且单回直线塔基础裂缝分布也存在差异。

c. 裂纹基本是从基顶中心向外呈放射状，与一般因基础受剪、受拉承载导致的裂缝分布特征不一致。

（2）混凝土强度。混凝土强度偏低的主要原因可能在于混凝土运输时间过长，外加剂（缓凝剂等）掺量过大，混凝土运至现场后，水泥已发生水化反应，拌和物离析，粗细骨料相互分离，表面水泥浆层增厚，导致混凝土强度达不到设计要求。

4. 处理措施

根据现场情况分析，基础浅部表面裂缝及混凝土结构强度未对线路安全运行产生影响，处于承载能力安全状态，但对耐久性及正常使用构成影响。混凝土裂缝可使钢筋暴露在空气中，雨水由裂缝渗入，导致受力钢筋锈蚀；混凝土强度不够，导致结构不能满足承载能力极限状态，存在安全隐患。

（1）混凝土裂缝用环氧树脂等灌浆材料对裂缝进行修复，具体灌浆材料选用要考虑强度、环境工作温度、修复固化温度等参数的适用性。

（2）对较严重的结构性裂缝，采用外包钢、外部贴钢等加固方式，使混凝土处于核心受力状态，提高基础强度。

（3）对于混凝土强度明显疑似偏低的基础，尚可能存在地脚螺栓锚固强度、局部抗压强度不足等问题，建议经设计校核分析，可采用植筋、加大截面积等方式进行加固。

（4）加强后续裂缝开裂程度、形态等观测，并开展重点塔位塔腿的变形监测，影响正常使用时及时加固修复。

5. 工作建议

（1）施工单位在组织施工前，应综合考虑运输距离、混凝土性质等因素；采用预拌混凝土应根据所在地区及施工因素合理设计配合比，长距离运输的应控制外加剂添加量，并试验验证混凝土性能；运至现场时应检验和易性，不得二次加水，不满足要求的严禁使用。

（2）交通条件恶劣且距离搅拌站较远的工段，可考虑采用现场集中搅拌混凝土，配合比适配后严格报审；现场搅拌时使用的材料应与试配配合比时的材料保持一致。

（3）配合比设计中，优先采用低水化热的矿渣水泥，适当使用缓凝减水剂；优化配合比，适当降低水灰比，减少水泥用量；降低混凝土入模温度，控制混凝土内外温差；可掺入适量微膨胀剂或膨胀水泥。保护层厚度大于 50mm 时，可在保护层内配置防裂、防剥落的焊接钢筋网片，网片钢筋的保护层厚度不应小于 25mm，并应采取有效的绝缘、定位措施。

（4）施工时可采用二次抹压工艺。混凝土振捣密实后，用木抹子进行"一次抹平"；混凝土初凝前，必须至少再抹压一次，将混凝土内部的泌水通道、毛细管道抹压、消除掉。

（5）在混凝土初凝时（表面失水前）就采取合理的措施进行养护，合理安排混凝土浇筑时间，避免昼夜温差过大，在混凝土浇筑后 7d 内，要经常检查养护措施落实情况，要始终保持混凝土处于湿润状态。

（6）施工单位应根据工程所在地特殊情况合理安排施工，混凝土质量控制措施应落实到位。现场监理人员做好施工监督检查工作。

【案例 45】基础露高不足

技术监督阶段：运维检修。

1. 问题简述

某牵引站 220kV 线路工程 2018 年 1 月开工建设，2018 年 12 月竣工投产。2019 年 5 月，运维人员发现该项目 N56 铁塔基础露高未按图纸要求出土 200mm，如图 6-11 所示。

2. 监督依据

《国家电网公司输变电工程标准工艺（三） 工艺标准库（2016 年版）》第 0201010503 条工艺标准（2）规定："基础坑口的地面上应筑有防沉层，防沉层应高于原始地面，低于基础表面，其上部边宽不得小于坑口边宽，平整规范。移交时回填土不应低于地面。"

图6-11 铁塔基础露高不满足要求

3.问题分析

基础坑口填土高于基础表面，雨天容易产生积水，导致基础表面被水浸泡。长期的积水浸泡，地脚螺栓有被腐蚀（锈蚀）的潜在风险，进而对铁塔的安全运行带来隐患，该问题反映出：

（1）施工单位对图纸和标准工艺不熟悉，施工技术交底、现场检查验收不到位。

（2）监理单位现场监督不到位，未及时发现问题。

4.处理措施

按图纸要求将基础周围高出部分的堆土开挖去除，使基础露出地面，并做好基础周边的排水措施。

5.工作建议

该问题发生在土建施工阶段，为避免此类问题的发生，提出以下建议：

（1）施工单位工程技术人员应熟悉图纸和标准工艺并严格按要求组织施工，加强作业前的技术交底和作业过程中的检查。

（2）监理单位认真履行监督职责，切实做好监督检查验收工作。

【案例46】铁塔基础汛情滑坡

技术监督阶段：运维检修。

1. 问题简述

某 110kV 线路 2011 年 3 月建成投运，2019 年 7 月，当地持续降雨，10 号铁塔基础出现地质滑坡迹象。现场查看发现，A、B 腿基础横线路向山下侧滑移，其中，A 腿塔腿主材和 A、B 腿斜材变形严重，塔材变形如图 6-12 所示；C、D 腿基础保护帽出现裂缝，塔基下沉如图 6-13 所示，但铁塔塔身、绝缘子串均未出现变形、偏斜现象。现场滑坡面积较大，小号侧距塔腿 4.7m、上边坡 15m、大号侧 5m 处均出现滑坡后产生的地面裂缝。

图 6-12 塔材变形

图 6-13 塔基下沉

2. 监督依据

《架空输电线路运行规程》（DL/T 741—2019）第 6.3.4 条规定："通道环境巡视检查的内容可参照表 10 执行。"架空输电线路通道环境巡视检查主要内容见表 6-2（DL/T 741 表 10 节选）。

表 6-2   架空输电线路通道环境巡视检查主要内容

巡视对象		检查线路本体、附属设施及保护区 有无以下缺陷、变化或情况
线路通道环境	...	...
	防洪、排水、基础保护设施	坍塌、淤堵、破损等
	...	...

《湿陷性黄土地区建筑标准》（GB 50025—2018）第 1.0.3 条规定："在湿陷性黄土地区进行建筑，应根据湿陷性黄土的特点、工程要求和工程所处水环境，因地制宜，采取以地基处理为主的综合措施，防止地基湿陷对建筑物产生危害。"

《湿陷性黄土地区建筑标准》（GB 50025—2018）第 9.1.1 条规定："湿陷性黄土地区的既有建筑物或设备基础，出现下列情况时宜进行地基加固：

1 地基土的承载力或沉降变形不能满足使用要求；

2 地基浸水湿陷变形，继续发展可能导致基础变形或破坏，需要阻止湿陷继续发展；

3 不均匀沉降超过现行国家标准《建筑地基基础设计规范》GB 50007 规定的允许值。"

《湿陷性黄土地区建筑标准》（GB 50025—2018）第 9.1.2 条规定："湿陷性黄土地区的既有建筑物或设备基础，出现下列情况时宜进行纠倾：

1 倾斜已造成建筑物结构损害或明显影响建筑物或设备的功能；

2 倾斜超过现行国家标准《建筑地基基础设计规范》GB 50007 规定的允许值，已影响建筑物的安全和正常使用；

3 倾斜已对人的心理和情绪产生明显影响。"

3. 问题分析

经现场勘察分析，该问题产生的原因在于线路设计时，设计人员未对该塔位地质条件及周边环境进行详细勘察，未对山体走向及地质条件进行综合分析，造成该基铁塔基础处在不稳定的湿陷性黄土地基之上；事故发生前，夏季连续暴雨，地面排水不畅，地基土浸水后产生增湿变形，抗剪强度降低，造成塔位所处位置较大面积滑塌，基础破坏。

4. 处理措施

险情发生后，运维单位根据现场情况迅速制订了临时措施，对 10 号铁塔塔身横担下方横线路山上侧方向打 4 根连锁拉线对铁塔进行塔身稳固处理，并安排运维人员每日现场进行监控，随时了解地质变化情况。

经运维单位、设计单位共同现场进行勘察，并对 10 号塔塔位及周边地质环境进行综合分析，确定对 10 号塔进行迁改，拆除原 10 号塔，新立一基 10 号塔（塔型为 ZMC1-36），新塔位于原 10 号小号侧 61m 处。新塔位避开了滑坡地带，确保了线路安全运行。

5. 工作建议

（1）线路设计时要精准勘察。该典型问题暴露出针对湿陷性黄土地区地质情况的勘察设计深度不足。湿陷性土是具有特殊性质的土，其勘察工作除应首先满足《岩土工程勘察规范》（GB 50021—2009）的要求外，还应满足《湿陷性黄土地区建筑标准》（GB 50025—2018）的要求。地质勘探人员要对塔位周边环境、地质地貌土质可能出现的滑塌现象进行综合分析，在地质条件稳定的区域确定塔位。

（2）施工过程中及时提出变更需求。施工单位在基础施工时，如发现土层较厚的湿陷性黄土地质，应向项目管理人员提出地质勘察复查要求，并协调设计单位对塔位进行再次勘察，确保塔基稳固。

（3）运维单位加强塔位基础环境的检查。在线路运维工作中，运维人员应加强对线路塔位周围环境及地质的巡视检查。设备运行时需巡视铁塔塔身是否变形及基础的位移和沉降情况，发现异常后应及时处理。

【案例 47】线路基础混凝土保护帽蜂窝缺陷

技术监督阶段：运维检修

1. 问题简述

2019 年 6 月，运维单位在某 110kV 变电站附近输电线路开展现场检查，发现保护帽无排水倾角、呈蜂窝状，如图 6-14 所示。该输电线路于 2008 年 4 月投运。

图 6-14　保护帽无排水倾角、呈蜂窝状

2. 监督依据

《混凝土结构工程施工质量验收规范》（GB 50204—2015）第 8.2.1 条规定："现浇结构的外观质量不应有严重缺陷。

对已经出现的严重缺陷，应由施工单位提出技术处理方案，并经监理单位认可后进行处理；对裂缝或连接部位的严重缺陷及其他影响结构安全的严重缺陷，技术处理方案尚应经设计单位认可。对经处理的部位应重新验收。

检查数量：全数检查。

检验方法：观察，检查处理记录。"

《混凝土结构工程施工质量验收规范》（GB 50204—2015）第 8.2.2 条规定："现浇结构的外观质量不应有一般缺陷。

对已经出现的一般缺陷，应由施工单位按技术处理方案进行处理。对经处理的部位应重新验收。

检查数量：全数检查。

检验方法：观察，检查处理记录。"

《混凝土结构工程施工质量验收规范》（GB 50204—2015）第 8.1.2 条规定："现浇结构的外观质量缺陷应由监理单位、施工单位等各方根据其对结构性能和使用功能影响的严重程度按表 8.1.2 确定。"现浇结构外观质量缺陷见表 3-1。

《建筑结构可靠性设计统一标准》（GB 50068—2018）第 3.3.3 规定："建筑结构的设计使用年限，应按表 3.3.3 采用。"建筑结构的设计使用年限见表 6-3。

表 6-3 建筑结构的设计使用年限

类别	设计使用年限（年）
临时性结构建筑	5
易于替换的结构构件	25
普通房屋和构筑物	50
标志性建筑和特别重要的建筑结构	100

从表 6-3 可知，易于替换的结构构件设计使用年限为 25 年。

《混凝土结构耐久性设计标准》（GB/T 50476—2019）第 3.4.5 条规定："素混凝土结构满足耐久性要求的混凝土最低强度等级，一般环境不应低于 C15；冻融环境和化学腐蚀环境规定应与本标准表 3.4.4 相同；氯化物环境可按本标准表 3.4.4 的 Ⅲ –C 或 Ⅳ –C 环境作用等级确定。"

《国家电网公司输变电工程标准工艺（三） 工艺标准库（2016 年版）》第 0201010504

条工艺标准（6）要求："保护帽顶面应留有排水坡度，顶面不得积水。"

3. 问题分析

2019年检测该塔基保护帽混凝土强度平均值为8MPa，推断施工时混凝土配合比不满足要求、混凝土养护不到位导致强度低于设计值和外观缺陷的问题。

土建施工阶段工艺执行不到位，将水泥帽顶部设置为平面，未设置排水倾角，后续易导致混凝土保护帽表面积水，在结合面处腐蚀成沟槽，加快塔脚钢材在混凝土与大气界面处的腐蚀。

4. 处理措施

重新浇筑保护帽，确保强度满足相关标准要求且顶部留有排水坡度。经过处理，保护帽的问题基本解决。

劣质保护帽不能对塔脚、地脚螺栓起到有效的保护作用，腐蚀减弱塔脚强度，对电力系统的安全稳定运行带来隐患。

5. 工作建议

（1）土建施工严格执行《国家电网公司输变电工程标准工艺（三） 工艺标准库（2016年版）》要求，混凝土配合比达标、混凝土养护到位，保护帽顶面留有排水坡度，监理单位严格按照规范监督施工。

（2）验收阶段可通过强度检测、外观检查等手段，提前、有效发现保护帽存在的问题，避免诱发塔脚腐蚀问题。

6.2 线路杆塔

【案例 48】山体滑坡致杆塔基础位移

技术监督阶段：运维检修

1. 问题简述

某 220kV 线路于 2006 年 4 月投运，线路全长 73.5km，有杆塔 216 基。2019 年 7 月，运维人员巡视时发现线路 20 号杆塔基础向线路方向山下侧滑坡，杆塔一根拉线拉盘外露；经测量，20 号杆塔左侧杆梢中线向大号侧偏移 115mm，右侧杆无偏移。

2. 监督依据

《架空输电线路运行规程》（DL/T 741—2019）第 6.3.4 条规定："通道环境巡视检查的内容可参照表 10 执行。"架空输电线路通道环境巡视检查主要内容见表 6-2（DL/T 741 表 10 节选）。

《国家电网有限公司关于印发十八项电网重大反事故措施（修订版）的通知》（国家电网设备〔2018〕979 号）第 6.1.1.4 条规定："对于易发生水土流失、山洪冲刷等地段的杆塔，应采取加固基础、修筑挡土墙（桩）、截（排）水沟、改造上下边坡等措施，必要时改迁路径。"

《国家电网有限公司关于印发十八项电网重大反事故措施（修订版）的通知》（国家电网设备〔2018〕979 号）第 6.1.3.2 条规定："遭遇恶劣天气后，应开展线路特巡，当线路导地线发生覆冰或舞动时应做好观测记录和影像资料的收集，并进行杆塔螺栓松动、金具磨损等专项检查及处理。"

3. 问题分析

某 220kV 线路 20 号杆为 ϕ400 等径耐张双杆，转角度数 0°，小号侧档距 213m，大号侧档距 684m，全高 24m，埋深 1m，呼高 18m。2019 年 7 月，该地区遭受连续性特大暴雨，为 1954 年气象建站以来单次过程降水量最大的强降雨，给城乡基础设施及电力设备造成重大损害，判断为持续强降雨造成山体滑坡，如图 6-15 所示，山体滑坡带动一侧杆塔基础发生滑移。

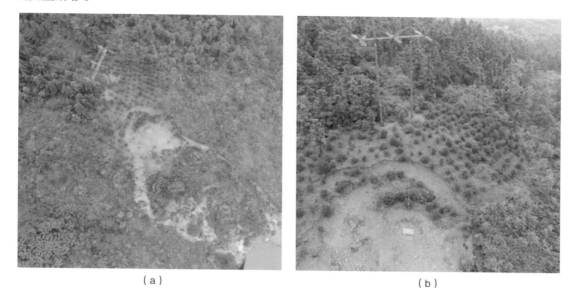

（a）

（b）

图 6-15　杆塔基础附近山体滑坡

（a）现场图 1；（b）现场图 2

4. 处理措施

（1）在杆塔周围做好排水沟，引导水流从两边流过，杆根及拉线周围铺设防雨布遮挡，如图 6-16 和图 6-17 所示，防止继续冲刷。

图 6-16　滑坡处铺设防雨布

图 6-17　杆根铺设防雨布

（2）在左杆安装一根内角拉线平衡水平力，在左杆向前方安装一根临时拉线平衡纵向力。

（3）在 20 号杆塔大号侧方向安装视频监控装置，如图 6-18 所示，实时监测山体滑坡情况。

图 6-18　安装视频监控装置

（4）安排巡视人员现场值守，发现情况第一时间报送。

（5）联系省设计院人员进行现场勘察，制订杆塔迁改方案。

5. 工作建议

线路杆塔附近山体滑坡暴露出运维单位对自然灾害的风险评估能力不足。运维检修阶段要及时掌握线路沿线天气、水文、地质等情况的变化，外部环境发生变化时应及时采取措施防止风险进一步扩大。

6.3 电缆隧道

【案例 49】电缆隧道渗水

技术监督阶段：竣工验收。

1. 问题简述

某 110kV 电缆隧道土建工程建成于 2018 年 9 月，工程项目于 2019 年 1 月投入运行。竣工验收发现该电缆隧道部分区段渗水严重，如图 6-19 所示，影响电缆设备安全运行。

图 6-19　电缆隧道严重渗水

2. 监督依据

《地下防水工程质量验收规范》（GB 50208—2011）表 3.0.1 地下工程防水等级标准（见表 6-4）。

表 6-4   地下工程防水等级标准

防水等级	防水标准
一	不允许渗水，结构表面无湿渍
二	不允许漏水，结构表面可有少量湿渍； 房屋建筑地下工程：总湿渍面积不应大于总防水面积（包括顶板、墙面、地面）的 1/1000；任意 100m² 防水面积上的湿渍不超过 2 处，单个湿渍的最大面积不大于 0.1m²； 其他地下工程：总湿渍面积不应大于总防水面积的 2/1000；任意 100m² 防水面积上的湿渍不超过 3 处，单个湿渍的最大面积不大于 0.2m²；其中，隧道工程平均渗水量不大于 0.05L/（m²·d），任意 100m² 防水面积上的渗水量不大于 0.15L/（m²·d）
三	有少量漏水点，不得有线流和漏泥砂； 任意 100m² 防水面积上的漏水或湿渍点数不超过 7 处，单个漏水点的最大漏水量不大于 2.5L/d，单个湿渍的最大面积不大于 0.3m²
四	有漏水点，不得有线流和漏泥砂； 整个工程平均漏水量不大于 2L/（m²·d）；任意 100m² 防水面积上的平均漏水量不大于 4L/（m²·d）

《地下防水工程质量验收规范》（GB 50208—2011）第 7.2.5 条规定："隧道贴壁式、复合式衬砌围岩疏导排水应符合下列规定：

1 集中地下水出露处，宜在衬砌背后设置盲沟、盲管或钻孔等引排措施；

2 水量较大、出水面广时，衬砌背后应设置环向、纵向盲沟组成排水系统，将水集排至排水沟内；

3 当地下水丰富、含水层明显且有补给来源时，可采用辅助坑道或泄水洞等截、排水设施。"

3. 问题分析

（1）隧道土建施工阶段施工工艺较差，相邻浇筑段的防水卷材拼接处粘结或焊接质量欠佳，结构沉降缝、连接缝的止水带、填充材料埋设施工工艺不当，混凝土收缩时，产生缝隙，致使隧道壁大量渗水。

（2）监理单位对隧道防水等隐蔽工程所涉及的防水材料、施工工艺与质量疏于监管，隧道在建设完成后未进行结构性检测，导致隧道不满足二级防水等级和排水要求。

该类问题一旦发生，将严重威胁隧道本体、隧道运行电缆及附属设施的安全稳定运行，存在极大的安全隐患。该缺陷暴露出施工工艺不良、对隧道防水隐蔽工程管控不到位的问题。

4. 处理措施

对渗漏水区段采用填、引等方式进行修复疏导：

（1）清理隧道壁渗水表面混凝土，查找渗水位置与水源，确定治理方案。

（2）小面积渗水主要采取渗漏点钻孔、注浆环氧树脂、砂浆抹面恢复等措施进行封堵。

（3）大面积渗水通过凿槽、埋管、封填措施将渗水引入通道排水沟排除。

5. 工作建议

对于新建隧道工程，有如下建议：

（1）加强对设计中隐蔽工程的审查力度，可考虑在隧道中安装智能排水系统，加强通道机械排水管控。

（2）严格按照设计施工，强化对一衬、二衬、通道排水管道等隐蔽工程的过程验收，做好抗渗混凝土标号检测，严格执行隐蔽工程影像制度。

（3）后续工程应加强工程全过程监督，监理单位应严格履行监管职责，严格通道转序验收手续，同时做好通道的结构检测。